XUE KE XUE MEI LI DA TAN SUO

学科学魅力大探索

科学成果展台

李 奎 编著 丛书主编 周丽霞

科技：科技成果大展览

汕头大学出版社

图书在版编目（CIP）数据

科技：科技成果大展览 / 李奎编著. -- 汕头：汕
头大学出版社，2015.3（2020.1重印）
　（学科学魅力大探索 / 周丽霞主编）
　ISBN 978-7-5658-1691-8

　Ⅰ. ①科… Ⅱ. ①李… Ⅲ. ①科技成果－世界－青少
年读物 Ⅳ. ①N11-49

中国版本图书馆CIP数据核字(2015)第027449号

科技：科技成果大展览　　　　KEJI：KEJI CHENGGUO DAZHANLAN

编　　著：李　奎
丛书主编：周丽霞
责任编辑：胡开祥
封面设计：大华文苑
责任技编：黄东生
出版发行：汕头大学出版社
　　　　　广东省汕头市大学路243号汕头大学校园内　邮政编码：515063
电　　话：0754-82904613
印　　刷：三河市燕春印务有限公司
开　　本：700mm×1000mm　1/16
印　　张：7
字　　数：50千字
版　　次：2015年3月第1版
印　　次：2020年1月第2次印刷
定　　价：29.80元
ISBN 978-7-5658-1691-8

前 言

　　科学是人类进步的第一推动力，而科学知识的学习则是实现这一推动的必由之路。在新的时代，社会的进步、科技的发展、人们生活水平的不断提高，为我们青少年的科学素质培养提供了新的契机。抓住这个契机，大力推广科学知识，传播科学精神，提高青少年的科学水平，是我们全社会的重要课题。

　　科学教育与学习，能够让广大青少年树立这样一个牢固的信念：科学总是在寻求、发现和了解世界的新现象，研究和掌握新规律，它是创造性的，它又是在不懈地追求真理，需要我们不断地努力探索。在未知的及已知的领域重新发现，才能创造崭新的天地，才能不断推进人类文明向前发展，才能从必然王国走向自由王国。

　　但是，我们生存世界的奥秘，几乎是无穷无尽，从太空到地球，从宇宙到海洋，真是无奇不有，怪事迭起，奥妙无穷，神秘莫测，许许多多的难解之谜简直不可思议，使我们对自己的生命现象和生存环境捉摸不透。破解这些谜团，有助于我们人类社会向更高层次不断迈进。

其实，宇宙世界的丰富多彩与无限魅力就在于那许许多多的难解之谜，使我们不得不密切关注和发出疑问。我们总是不断去认识它、探索它。虽然今天科学技术的发展日新月异，达到了很高程度，但对于那些奥秘还是难以圆满解答。尽管经过许许多多科学先驱不断奋斗，一个个奥秘不断解开，并推进了科学技术大发展，但随之又发现了许多新的奥秘，又不得不向新的问题发起挑战。

宇宙世界是无限的，科学探索也是无限的，我们只有不断拓展更加广阔的生存空间，破解更多奥秘现象，才能使之造福于我们人类，人类社会才能不断获得发展。

为了普及科学知识，激励广大青少年认识和探索宇宙世界的无穷奥妙，根据最新研究成果，特别编辑了这套《学科学魅力大探索》，主要包括真相研究、破译密码、科学成果、科技历史、地理发现等内容，具有很强系统性、科学性、可读性和新奇性。

本套作品知识全面、内容精炼、图文并茂，形象生动，能够培养我们的科学兴趣和爱好，达到普及科学知识的目的，具有很强的可读性、启发性和知识性，是我们广大青少年读者了解科技、增长知识、开阔视野、提高素质、激发探索和启迪智慧的良好科普读物。

目 录

电子计算机与电脑

　　电子计算机是能够把信息自动高速存储和加工的一种电子设备，包括硬件和软件。硬件指计算机的一切电器设备，如运算器、控制器、存储器，输入、输出设备等计算机本身的物理机构；软件指为了运行、管理、维修和开发计算机所编制的各种程序及其文档。硬件与软件结合成为完整的计算机系统。

　　一般来说，电子计算机包括数字式、模拟式、数字模拟混合式三种，通常我们说的电子计算机就指数字式电子计算机。

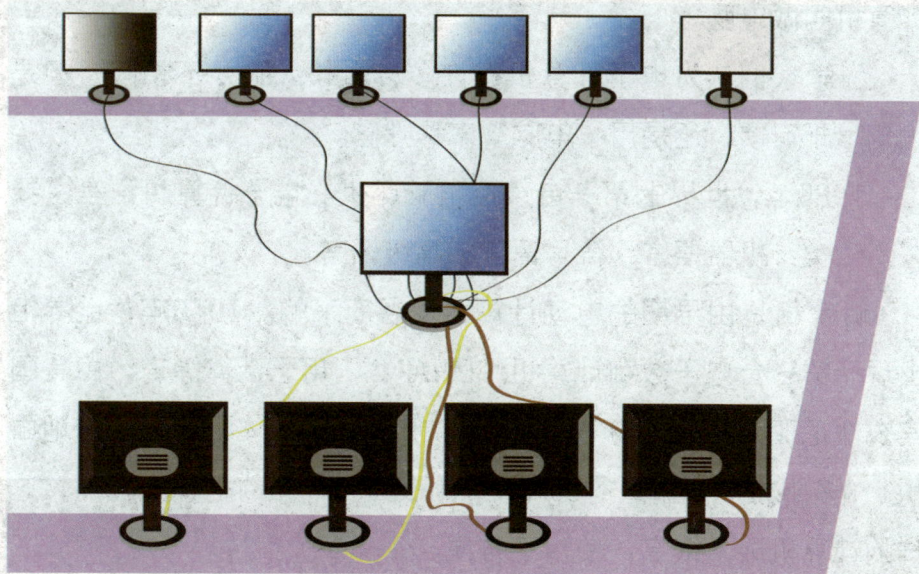

正因为电子计算机有计算、记忆和逻辑判断的能力，它可以代替人脑的部分功能，或者说它是人脑功能的延伸，所以把电子计算机叫做电脑。

科学家们认为电子计算机在许多方面和人脑并不相同，但是人们出于习惯，还是用"电脑"来称呼它。

1985年，世界上第一台声控电脑诞生。电子计算机语言主要分为三类：机器语言、符号语言和高级语言。

计算机是由早期的电动计算器发展而来的。1946年，世界上出现了第一台电子数字计算机"ENIAC"，用于计算弹道，由美国宾夕法尼亚大学莫尔电气工程学院制造。ENIAC体积庞大，占地面积170多平方米，重量约30吨，消耗近150千瓦的电力。显然，这样的计算机成本很高，使用不方便。

1956年，晶体管电子计算机诞生了，这是第二代电子计算机。只要几个大一点的柜子就可以将它容下，运算速度也大大地提高了。

1959年出现的是第三代集成电路计算机。最初的计算机由美籍匈牙利人约翰·冯·诺依曼发明的，那时电脑的计算能力相当于现在的计算器，足足有3间库房那么大。

电子计算机对人类的生产活动和社会活动产生了极其重要的影响，并以强大的生命力飞速发展。它的应用领域从最初的军事科研应用扩展到

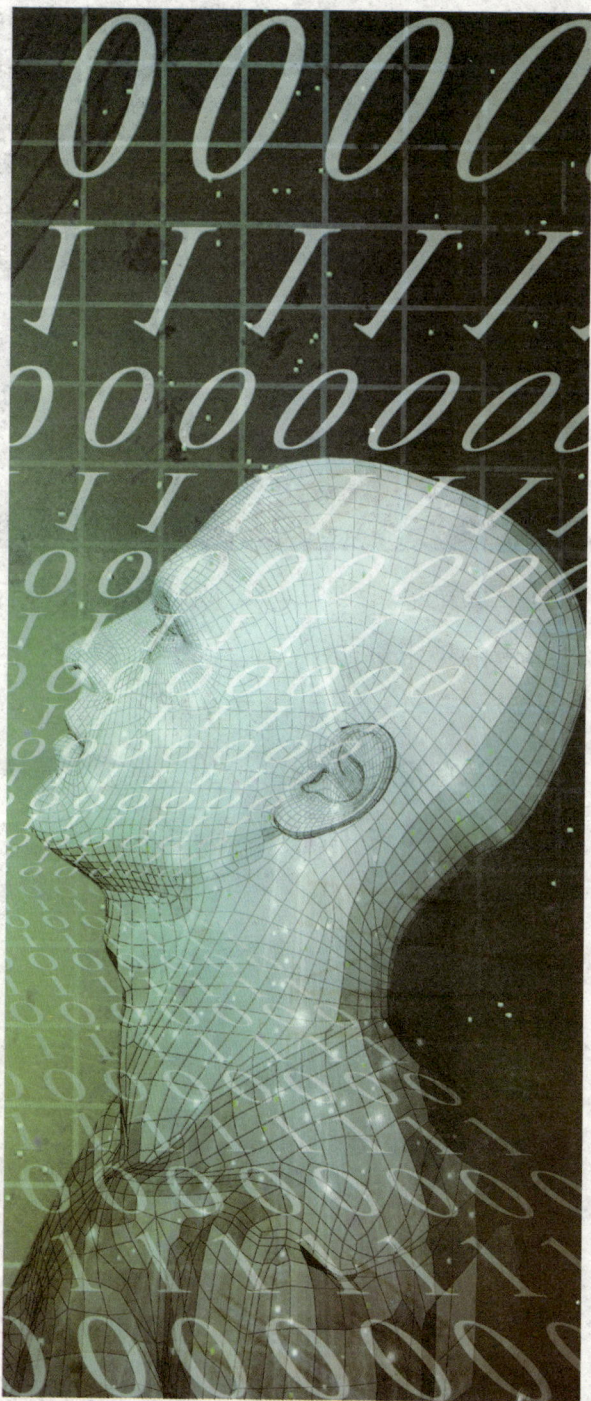

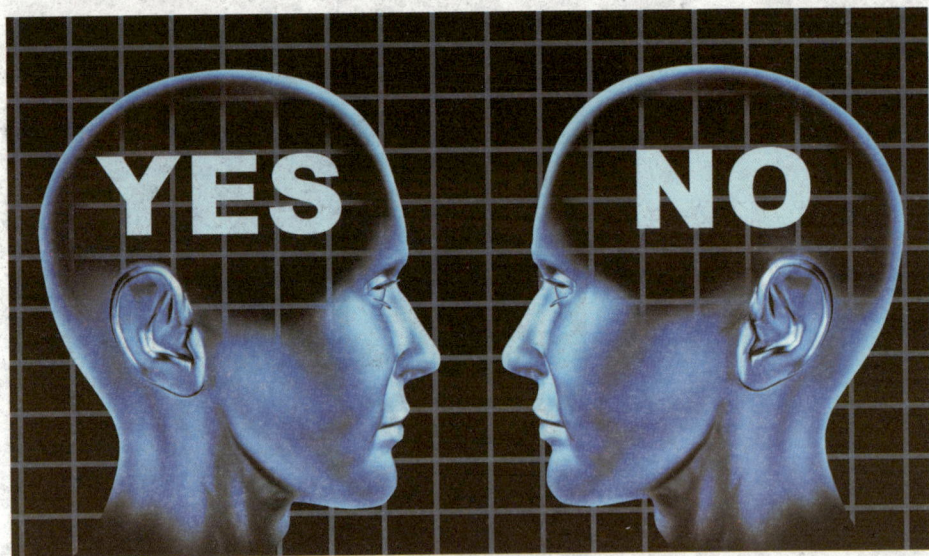

目前社会的各个领域，已形成规模巨大的计算机产业，带动了全球范围的技术进步，由此引发了深刻的社会变革。

现在，计算机已遍及学校、企事业单位，进入寻常百姓家，成为信息社会中必不可少的工具。它是人类进入信息时代的重要标志之一。

延 伸 阅 读

当今计算机系统的运算速度已达到每秒万亿次，使大量复杂的科学计算问题得以解决。例如：卫星轨道的计算、大型水坝的计算、24小时天气预报的计算等，过去人工计算需要几年，而现在用计算机只需几天甚至几分钟就可以完成。

电脑与人脑

当今社会，电脑已得到了非常广泛的运用，它能绘画，能看会说，计算起来准确无误，不知疲倦而速度又极快，让人类望尘莫及，但它是否就能代替人脑呢？

实际上，电脑所拥有的本领不过是按人类所编制的程序照章办事而已，它归根到底只是人类所创造的一种信息处理工具，只

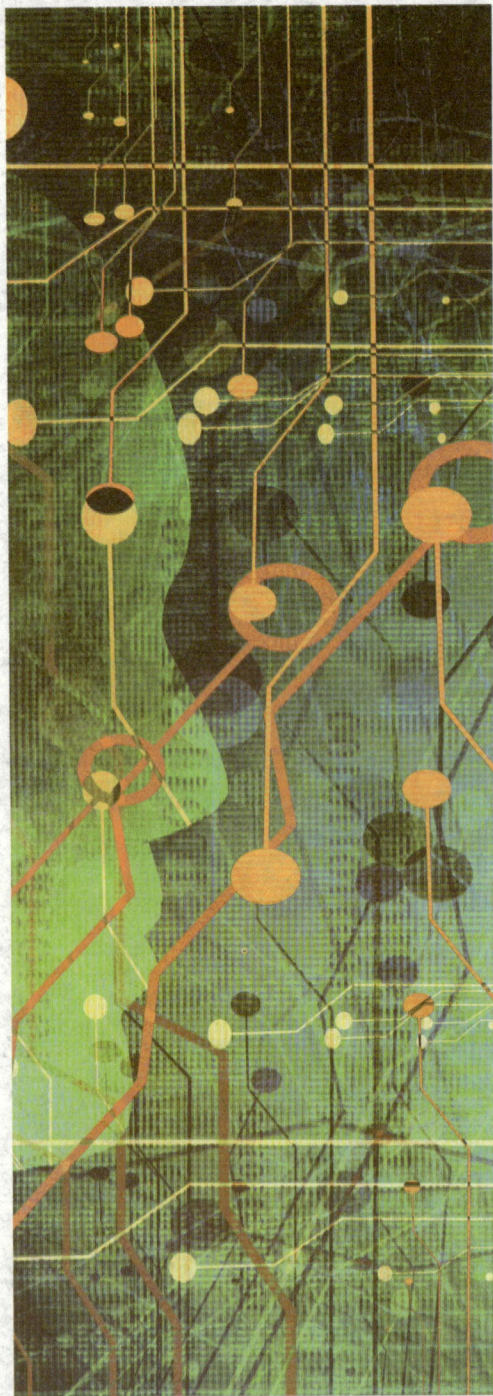

能部分代替人脑，不可能完全代替人脑。

现在很多人在研究如何能使电脑自己编程序，如何借助于生物技术，使电脑有可能不再依靠电能，而从有机化合物中自行获得能源。我们相信，只要科学家们钻研下去，具有生命智能的电脑并非没有出现的可能。

计算机被誉为"电脑"、"人工头脑"，是因为它的结构与工作过程与人脑特别相似。它不但有非常强的计算能力，而且有不同凡响的分析能力，能干许多工作，有的甚至比人还强。比如在打假方面计算机就是英雄。

1976年，英国的《泰晤士报》登出消息和广告，说发现了300年前莎士比亚未发表的作品，并将大量出版。

莎士比亚是卓越的艺术

大师，几百年来一直享有极高的声誉，而《泰晤士报》是世界上享有盛誉的报纸，所以人们对这一消息深信不疑。出版这样好的著作，人们怎会不买呢？于是莎士比亚的遗作，被抢购一空。出版商的钱包差点就要胀破了。

但不久后，出版商被控告伪造莎士比亚的作品牟取暴利。因为人们发现出版的书不是莎士比亚的作品。这次假作品的发现，计算机功不可没。

原来，剑桥大学的两位教师，利用计算机分析了《莎士比亚全集》，查清了莎士比亚写作用语的特点，然后又把这次所谓新发现的作品输入到了计算机中，进行对照、分析。结果发现，新出的这些著作，不少地方和莎士比亚的作品风格迥异，根本不是莎士比亚所写的。经过计算机分析，这个大骗局被揭穿。

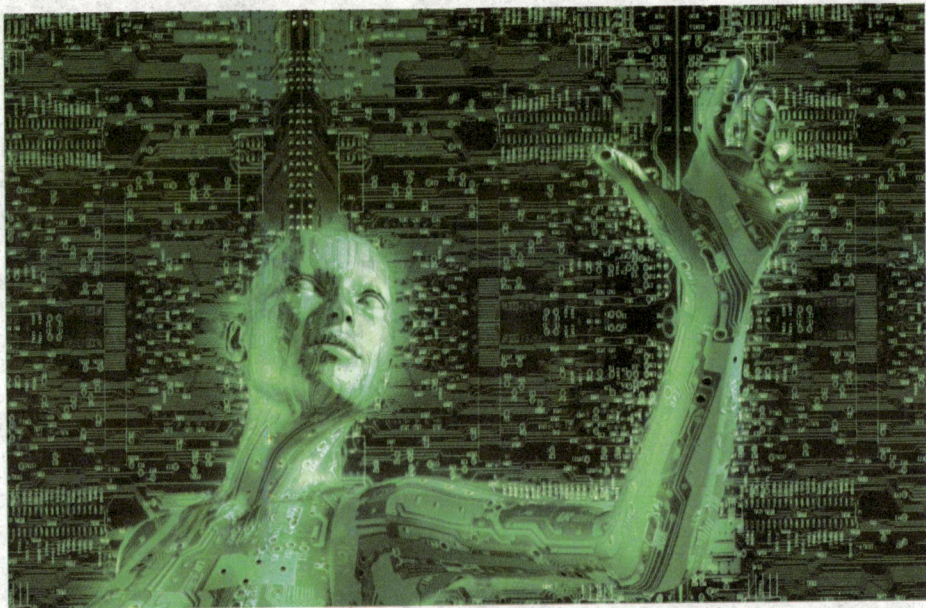

　　计算机当打假"英雄"已经成为现实。它不仅在文学方面可以打假，在其他各行各业中也同样可以打假。

　　此外，用计算机可以模拟人脑的部分功能进行思维学习、推理、联想和决策，使计算机具有一定的"思维能力"。

延　伸　阅　读

　　最早提出电脑设想的是一个名叫查尔斯·巴贝奇的英国人，但他的很多设想都未能实现。1946年，美国宾夕法尼亚大学的两位年轻的工程师埃克特和莫克莱，用电子管制造出了第一台真正的电脑。

计算机当侦探

　　我们常常在电影或者电视节目中看到这样的情节：某个地方发生了一起案件，公安人员迅速赶赴现场，然后通过勘查犯罪现场，根据罪犯留下的蛛丝马迹，对破获案件便已心中有底了。但是计算机也能充当侦探的角色，你相信吗？

　　用电话监听，或利用其他方法获得罪犯的讲话，再把嫌疑人的讲话，用声谱仪进行音色进行分析，输入计算机中加以对比，就可以确定嫌疑分子和罪犯是不是一个人。

　　即使罪犯有意改变声

调，也休想骗过这种声音鉴定系统。计算机可以帮助司法部门辨认被怀疑人与罪犯的字迹是不是一个人的，帮助我们查出罪犯。

指纹破案早已被广泛使用。因为人的指纹各不相同，只要找到罪犯的指纹，再与公安部门指纹库中的指纹相对照，很快就可以找出罪犯。现在已有很多国家的公安部门建立了强大的指纹图像自动识别系统，用以侦查案件。

这种系统由阅读器、摄像机、计算机、显示器等组成。摄像机把通过各种途径找到的犯罪分子或是嫌疑分子的指纹拍摄下来，之后输入到计算机中。然后阅读器对指纹进行扫描，找出指纹的特点，如指纹类型、指位、纹线的交点和终点、指纹涡的终止等。

　　计算机根据这些特点，与数据库中的档案指纹相对照，从中找出一些相似的指纹，供公安人员作最后的判断，这样就可以找出犯罪分子或嫌疑犯了。

　　计算机每秒可以检索几百几千个指纹，速度之快，是人工所不能比拟的。这种指纹自动识别方法准确度很高，能很好地帮助警方破案。

　　只要有人的一滴血，计算机就可对其中的"脱氧核糖核酸"进行分析，从它的分子放射形状中可获得一份"遗传指纹"的图像。每个人都具有一个独特的遗传指纹图像，相似的只占几亿分之一。因此用它来确定罪犯是相当可靠的。

　　在侦察破案中，只要获得了犯罪分子的照片，即使在亿万

人中，在一闪而过的情况下，计算机也能"过目不忘"，认出这个人。

总之，用计算机当侦探去破案，比人的效率要快许多。在它的帮助下，犯罪分子被抓获归案的可能就更大了。

延 伸 阅 读

20世纪90年代初期，美国研制成会认人的计算机。只要经计算机过"目"，它便会把描述人面孔特征的几百个数据输入计算机中存储起来。计算机是神经网络计算机，只要摄像机"看"到这个人，计算机立刻就能认出他来。

计算机病毒的破坏力

所谓计算机病毒，其实就是一种能使计算机出现错误的程序，它能够以某种途径侵入计算机的存贮介质里，存储介质包括软盘、硬盘、磁带、移动U盘、光盘等。

在这些存储设备中，尤其软盘和移动U盘是使用最广泛的移动设备，也是病毒传染的主要途径之一。并在某种条件下开始对计算

机资源进行破坏。同时，它本身还能复制，具有极强的传染性。

计算机病毒也有良性和恶性之分。良性的病毒不破坏系统和数据，只是大量占用系统时间，使机器无法正常工作。

良性病毒具有开玩笑的性质，它往往使你的机器突然发出一阵怪叫声，在冷不防中吓你一跳；或者在计算机的荧光屏上出现一些"不要慌"、"跳舞吧"之类的废话；或者只是使计算机出现暂时的故障，过一会儿就会恢复正常。

恶性病毒与良性病毒截然不同，恶性病毒极具破坏力，严重时可以导致数以万计的计算机系统的资料在顷刻间丧失殆尽。

有的计算机病毒还有定时发作的特点。比如，"两只老虎病毒"只在每星期五发作，当病毒感染的程序在执行时，计算机每隔4分钟就唱一遍轻松的小曲儿——"两只老虎"。

计算机病毒具有以下几个特点：

（一）、寄生性。计算机病毒寄生在其他程序之中，当执行这个程序时，病毒就起破坏作用，而在未启动这个程序之前，它是不易被人们发觉的。

（二）、传染性。计算机病毒不但本身具有破坏性，更有害的是具有传染性，一旦病毒被复制或产生变种，其速度之快令人难以预防。

（三）、潜伏性。有些病毒像定时炸弹一样，让它什么时间发作是预先设计好的。比如黑色星期五病毒，不到预定时间一点都觉察不出来，等到条件具备的时候一下子就爆炸开来，对系统进行破坏。

（四）、隐蔽性。计算机病毒具有很强的隐蔽性，有的可以通过病毒软件检查出来，有的根本就查不出来，有的时隐时现，变化无

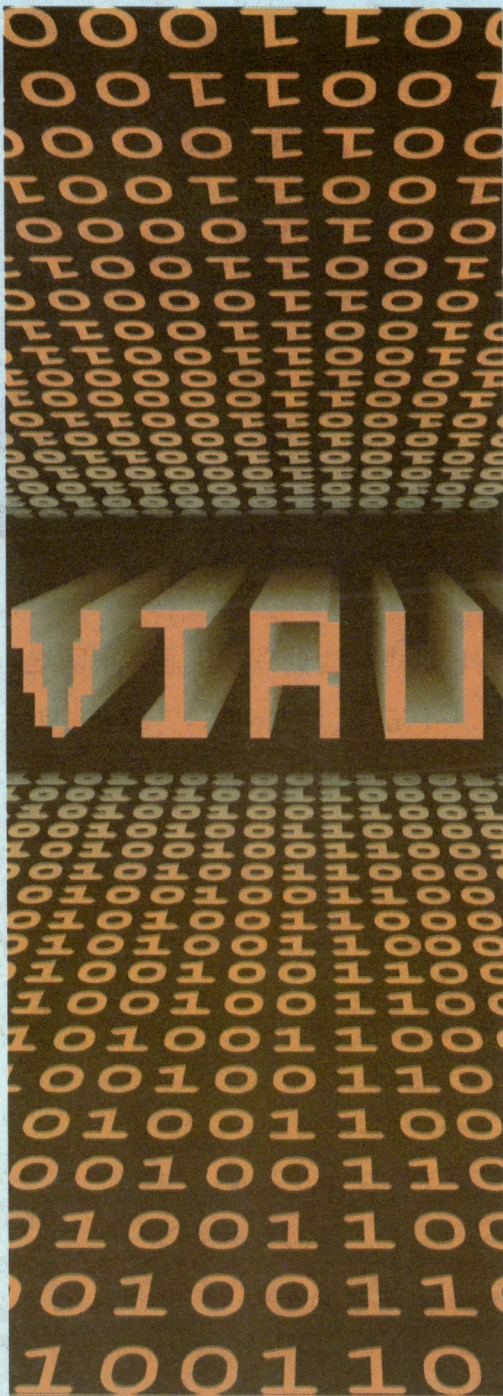

常，这类病毒处理起来通常很困难。

（五）、破坏性。计算机中毒后，可能会导致文件被删除或受到不同程度的损坏，表现为：增、删、改、移。

延 伸 阅 读

　　有人认为，最早制作计算机病毒的是巴基斯坦的一对自学成才的计算机工程师兄弟，他们制造的病毒被引入美国后，引起争相模仿，结果迅速蔓延开来。还有人认为，计算机病毒是由美国一些计算机"神童"弄出来的。

便携式电脑的优点

　　按电脑的外形来分，家用电脑分为台式和便携式两种。便携式电脑就是便于携带的电脑，也就是我们通常所说的笔记本电脑，或者叫做便携式笔记本电脑。便携式电脑还有能在膝盖上操作的膝上型电脑，可在手掌上使用的掌上型电脑等种类，它体积小、重量轻、功能全、一机多能。

　　移动办公的专业人员，如科学技术研究人员、工程设计和工

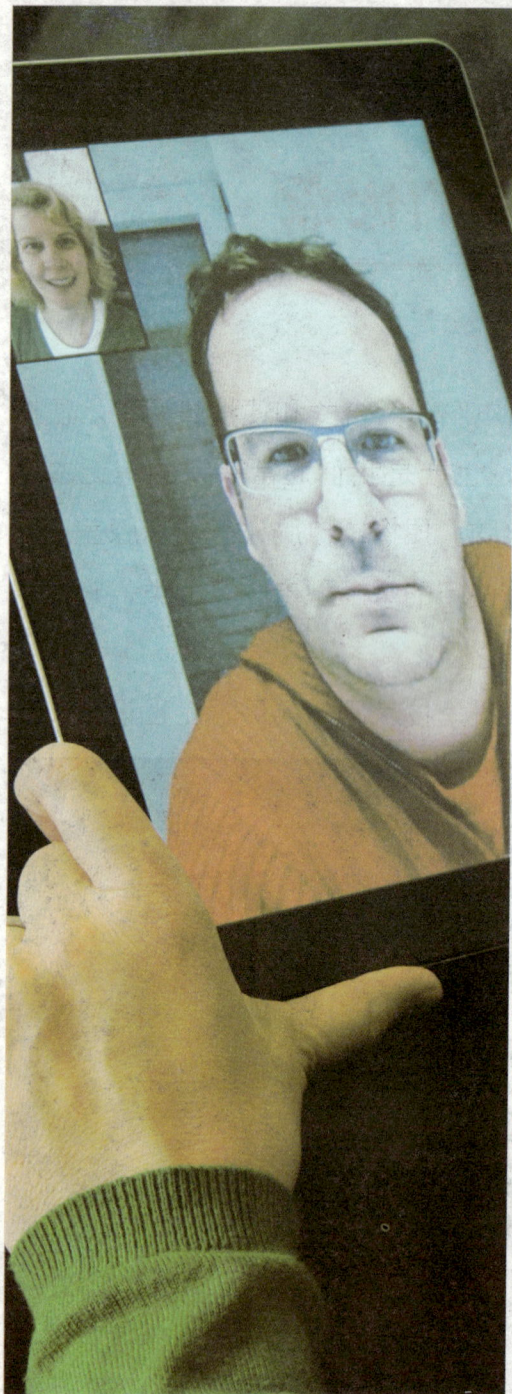

矿企业的专业人员、市场营销人员、经常外出的经贸人员等，使用它非常方便。

便携式电脑自带电池式电源，显示器、主机、键盘合为一体，具有台式电脑的各种配置，有的便携式电脑还直接带有打印机和传真功能。

新型便携式电脑还有大容量硬盘，模块化全内置，全面端口和双重鼠标器等优良性能。典型的便携式电脑从外表看像个小箱子，打开可进行各种计算机操作，好像一个笔记本，因此常叫它"笔记本电脑"。

在性能、功能和价格上，便携式笔记本电脑都是市场的焦点。多媒体技术将使电脑变得更为有趣、更吸引人。而在未应用的范围中，多媒体电脑也肯定将扮演一个重要的角色。

多媒体电脑的核心技术是声音和图像的数字化处理，它把电视机、录音录像机及通信功能结合在一起，实现了一机多能。

多媒体电脑可以自动播放CD唱片，编辑曲目、调整音乐的音质和音量；可以自行录制、编辑各种声音文件。

用多媒体电脑可执行多种播放程序，看电视节目，播放VCD、DVD影碟片，对影像可以复制、储存和移动。

多媒体电脑通过调制解调器和电话机相联结，这样就可以用电脑打电话、发传真，在各种网络世界里漫游和寻找信息，并可以收发电子邮件，建立电子信箱。

光盘驱动器、音箱、调制解调器、声卡、视卡和声、像编辑软件是多媒体电脑必备的设置。

多媒体技术目前应用的主要领域是教育。利用多媒体技术，

可以把各类课程制成多媒体课件光盘，它们是电脑辅助教育的好助手。利用多媒体技术，还能制作出声色俱佳的电子词典、电子百科全书，不仅提供文字说明，还配有相应的音乐、图片。它们体积小，并且具有灵活方便的查找方式，查找效率极高。

延 伸 阅 读

　　1642年，法国著名数学家帕斯卡制成了第一台机械式计算机，但只能做加法计算。1818年，法国人托马斯设计了一种比较实用的手摇式计算机，并于1821年建厂投产，生产了15台。

能远距离通讯的手机

　　手机的学名叫移动电话，是一种很便捷的通讯工具，目前在我国已经相当普及。

　　1902年，一个叫内森·斯塔布菲尔德的美国人在肯塔基州默里的乡下住宅内制成了第一个无线电话装置，这部可无线移动通

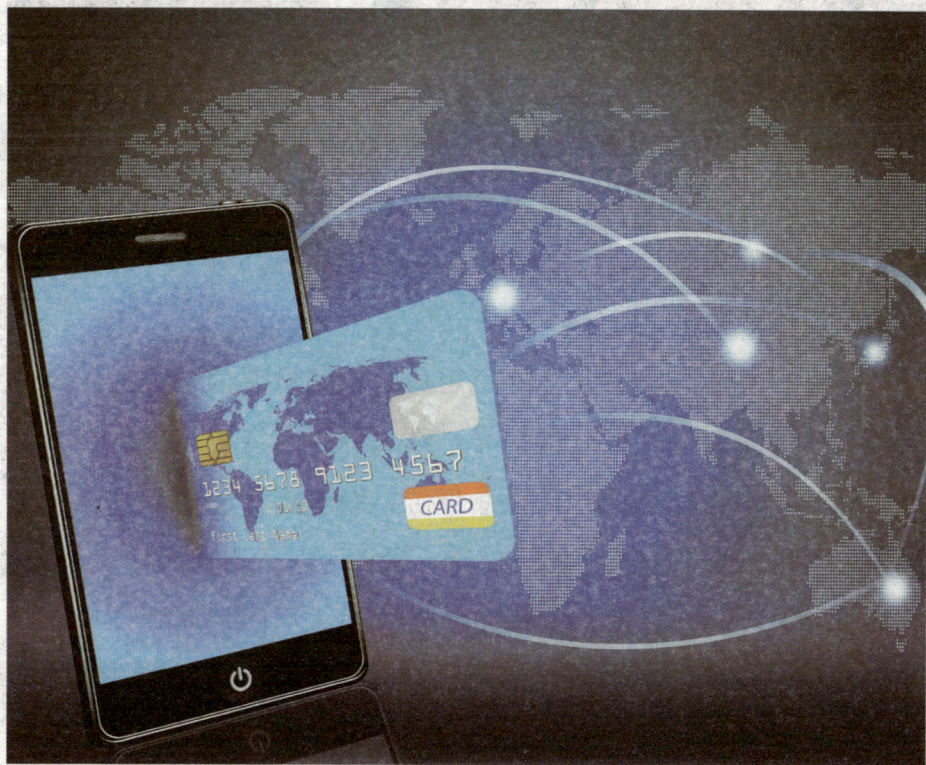

讯的电话就是人类对手机技术最早的探索研究。

1938年，美国贝尔实验室为美国军方制成了世界上第一部移动电话。1973年4月，美国著名的摩托罗拉公司工程技术员马丁·库帕发明了世界上第一部推向民用的手机，马丁·库帕从此被称为现代"手机之父"。

手机的通话原理是这样的：用户所拨的号码信号经过一定的转换，变成具有统一格式的信号，然后通过无线电波发射出去。当附近的基站也就是信号塔接到信号，经过一定的处理，又将信号还原，通过基站的其他通讯设备，接通对方的电话。

如果对方是固定电话，那么信号要通过市内长途电话程控交换机，与有线电话网相通，如果对方也是移动电话，那么基站将接到的信号转发到其他基站，所有的基站将你的信号转发一次。

只要对方在某一基站无线电波覆盖范围内，双方就可以通电话了。

移动电话的每个基站采用全方位天线，它的服务半径约是10000米。因此，要使移动电话通讯服务面积大，就得每隔一定范围设一个基站。只要基站分布合理，不出现盲区，并通过程控有线电话网，甚至通过卫星，移动电话就能把电话信息传送到很远的地方。

可是，在加油站使用移动电话为什么会有危险呢？我们都能看到，在加油站、汽油库和化工厂等会产生可燃性气体的地方，都有"严禁吸烟"、"严禁烟火"的告示。这是因为，这些地方遇到火花很容易发生爆炸，给人民的生命财产造成重大损失。所以，明火在上述地

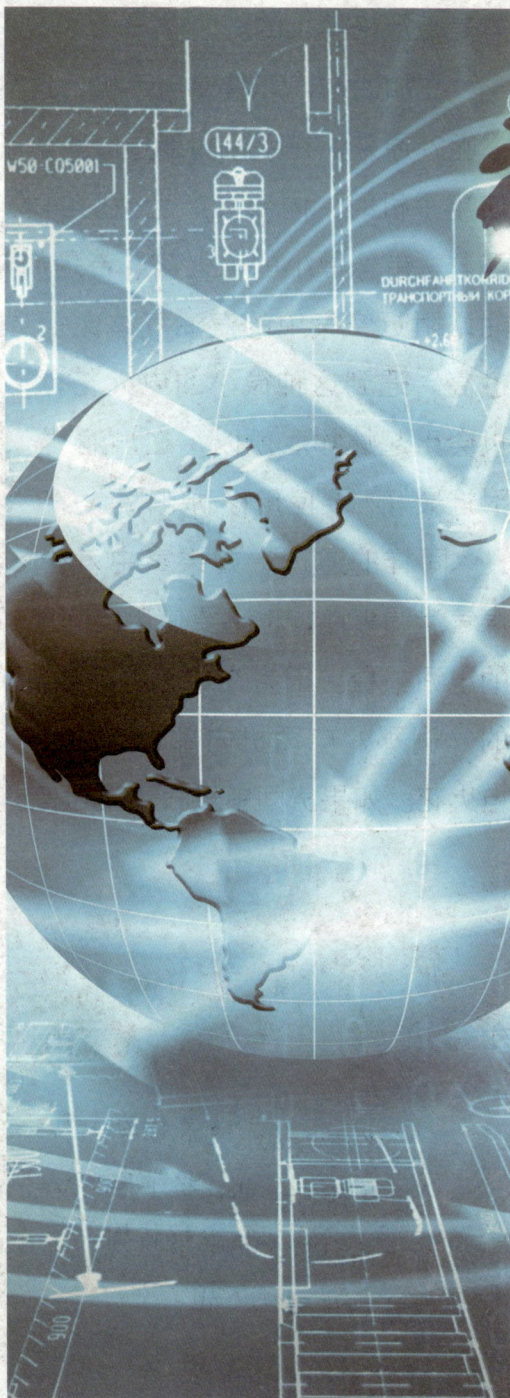

方是被严格禁止的。

在加油站，严禁使用手机，这到底是为什么呢？原来，在手机内部是一些电子元器件，使用手机时，内部会产生微弱的放电现象，就像微小的电火花。若是加油站附近空气中的汽油气体比例过高，遇到这种微小的电火花，也会引起爆炸。所以，在加油站附近最好不要使用移动电话。

同样的道理，如果家中发生煤气泄漏事件，也不要使用房间里的电话报警。因为在拿起电话话筒的一刹那，电话机内部也会产生电火花。如果房间中煤气浓度过高，就会引起爆炸事故。

延 伸 阅 读

移动电话，通常称为手机，日本及港台地区通常称为手提电话、手电、携带电话，早期又有大哥大的俗称。目前的高科技手机能够传输高质量视频图像，其传输质量与高清晰度电视不相上下。

防火墙的作用

在互联网中，人们采用类似防火墙的设备，保护内部或私人的网络资源不受侵害，具备这种功能的设备，我们把它叫做"防火墙"。

防火墙实际上是一种插在内部网与互联网之间的隔离系统，作为两者之间的关卡，起到加强系统安全与信息审查的功能。

建立防火墙的目的是为了保护内部网络不受外来攻击，为此

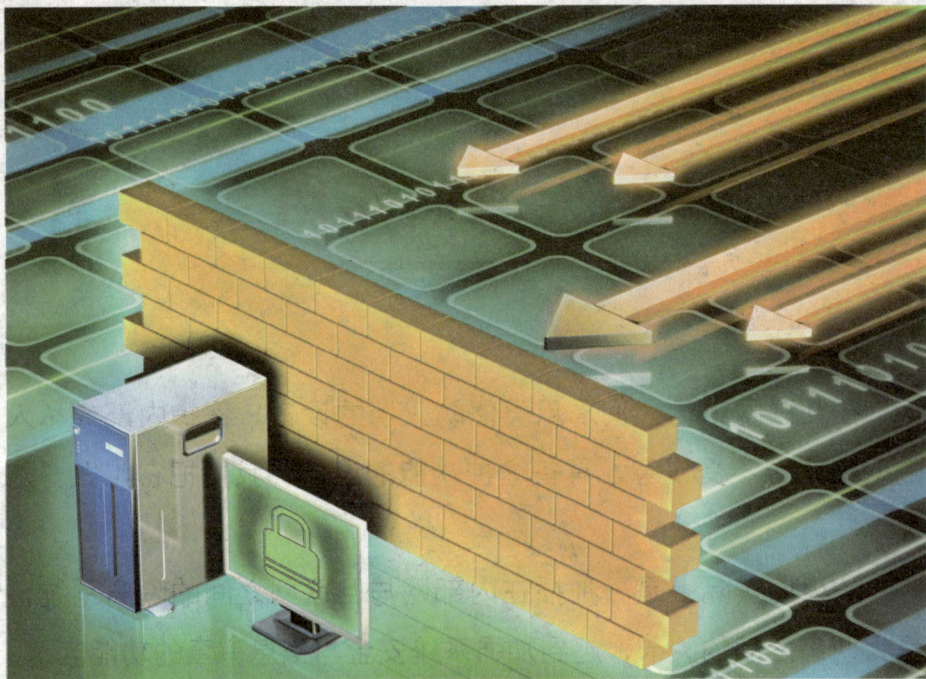

需要确定"防火墙安全策略"。

目前主要有两种截然不同的安全策略：一种是拒绝一切未被特许的信息进入内部网；还有一种是允许一切未被拒绝的信息进入。

从网络的安全性来考虑，第一种策略的意思是除了被确认是可信任的信息外，其他的信息都不允许通过，对网络的互联性有一定的影响，但安全性好；第二种策略的意思是，除了被确认是来自不可信任的信息源以外的信息都可以进入内部网络，这样有利于信息交换，但存在一定的安全隐患。

那么，为什么网络可以入侵呢？原来，那都是黑客们在作怪，黑客可以利用多种方法来得到使他们进入侵犯目标的秘密路径，他们常常通过多重电话网络和互联网服务供应商进行活动，减少自己被人发现的可能。对于装有防火墙的网络，黑客会使用一种扫描程序，这种程序可以轮流扫描目标单位的每一个与互联网相连的设备，如果幸运的话，会从"后门"进入网络，同机等待这个单位的某个网络使用者由于疏忽把计算机连在电话网络上。然而这种方法成功率很低。

为了进入个人电脑和网络，黑客会使用一种口令猜测软件，这是一种在查错方式下经常使用的口令清单，它可以反复挑战保护网络的口令。

有时，黑客会在受害者的硬盘上安装一个"记录"程序，这个程序可以记录下受害者的键盘与网络操作，从而帮助黑客获得更多的口令与信息。

那什么是黑客呢？电脑黑客就是指那些凭借娴熟的电脑技术和破译密码的本领，非法入侵他人计算机系统窃取信息，甚至破坏各种计算机系统的人，他们是现代电脑系统的"超级杀手"。

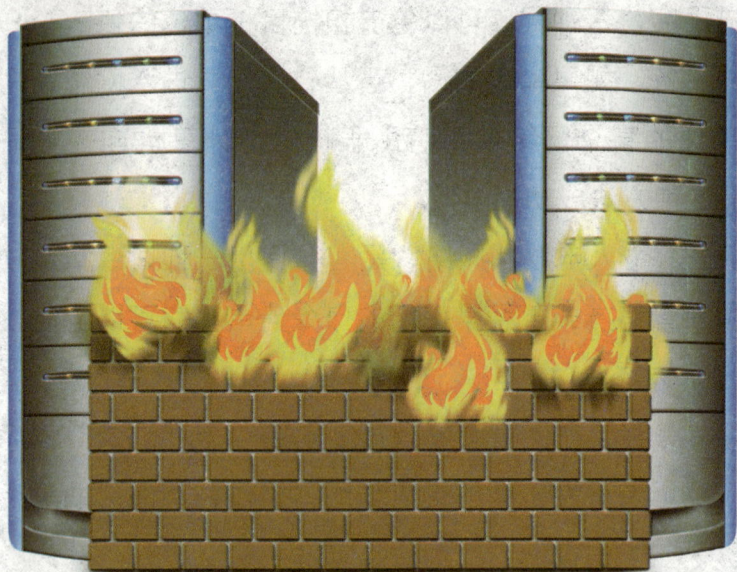

黑客不断编写出功能强大的探测工具程序，去查找互联网中计算机系统的漏洞，一旦发现某个系统有漏洞，他们就会登录和控制这个系统。可见，防火墙是相当重要的。

延 伸 阅 读

黑客入侵事件已给企业、政府部门以至个人带来了不可挽回的损失。黑客们的行为，在我国是明令禁止的违法犯罪行为。如今，我国和其他一些国家的反黑客攻击技术已取得重大进展，反黑客攻击的软件功能也在不断加强。

伞的发明

　　伞，是人们日常生活中不可缺少的用具，晴天，它为人们遮阳光；雨雪天，它为人们挡雨雪。可是你有没有想过，我们这么熟悉的伞究竟是由谁发明的？

　　早在2000多年前春秋末期，我国出现了一位被后世尊为"工匠始祖"的土木建筑工匠鲁班，他心灵手巧，曾在野草叶子形态

的启发下发明了世界上第一把锯子。

　　鲁班是位巧匠，他的妻子云氏也非凡俗之辈。她看到丈夫长年在外劳作，受尽日晒雨淋之苦，便暗自琢磨，能不能发明一种"活动的亭子"，让丈夫带着外出，一旦太阳暴晒或阴雨来临，可以让丈夫遮阳避雨。

　　经过长时间的思索，云氏终于有了主意：她把竹子劈成一根根细条，中间用一根竹棍当柄，将那些细条聚合起来，再在细条上蒙上兽皮，使之收拢如棍，张开如盖。一个缩小了的可以随身携带的活动的"亭子"伞，就这样诞生了。从此，鲁班外出时总要带上这把"亭子"伞。

　　后来，人们在云氏伞的基础上又不断加以改进，把兽皮换成丝绸，到宋代又用油纸代替丝绸，制成了纸伞，这就是油纸伞。

起初，用伞的人并不多，老百姓们认为，老天爷降雨就是让人们接受雨的洗礼，打伞是对老天爷的不敬。但是由于雨伞确实给人们的生活带来了很大的方便，人们还是逐步地接受了它。

到了清代，广东、福建等地开始大量制造黑布伞，在民间广泛流传，并且行销国外。

在西方，最早的伞的主体是一块遮阳的板，板上蒙着一块绷紧了的麻布，人们主要用它来遮阳。

在古希腊，伞状遮阳板是节日盛装不可缺少的陪衬。奴隶主让仆人在自己的身后高高地举着遮阳板，以显示自己的权势和高贵。因为打伞的人必须站在主人身后，所以这种伞的柄不是安在伞的中央，而是安在伞的边上。

至中世纪，伞变成了宗教权力的象征。地位越高的人，伞越豪华。

　　在1747年，一个到中国旅行的英国人看中了我国的伞，回国时便带了一把中国人制造的油纸伞，然后找人模仿它的构造，造出了一把形状像香菇的丝布伞。从此，中国伞走向了世界，挡雨的伞开始在欧洲民间流传。

延 伸 阅 读

　　早期的雨伞伞面是用较重的浸油布做的，伞把和支撑伞面的辐条用的是兽骨、竹子一类的东西，用起来比较笨重。1820年前后，英国和德国制作出了铁伞骨。现在使用的U字形带糟的伞骨，是1852年由英国佛克斯发明的。

拍立得照相机的发明

　　人们拍照后，总是希望在最短的时间内看到照片。满足人们这种愿望的发明家就是美国工程师埃德温·兰德。

　　1937年，28岁的埃德温·兰德有一个幸福美满的家庭，尤其他的小女儿活泼可爱，为了满足孩子热爱大自然的天性，兰德常带她到公园里去玩。

　　1947年的一天，天真的小女儿又要求爸爸为自己照相，兰德便像往常一样带上照相机，牵着女儿的小手来到了公园。小女儿在公园里跑来跑去，一个个美妙的景象就被摄进了那个对女儿来

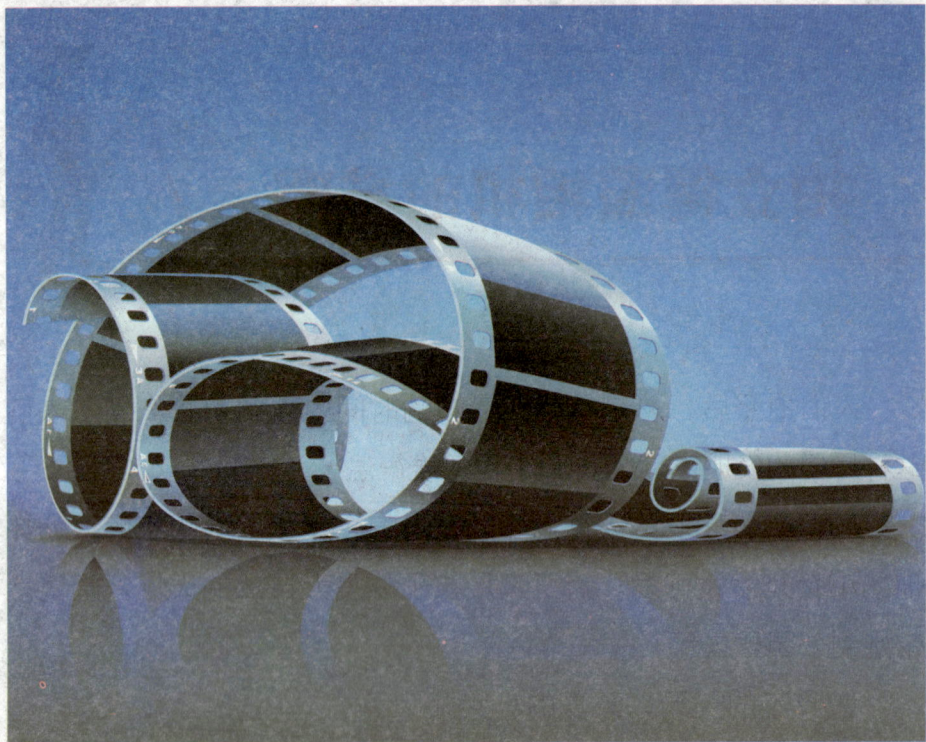

说有些神秘的黑匣子。

兰德的女儿是个性急的小家伙，她恨不得立刻就得到有自己影子的照片，"爸爸，要让我等多长时间呢？有没有马上就能看到照片的照相机呢？"

女儿的话触动了兰德，在当时人们尚在使用感光片，曝光后需立即冲洗，而且洗印设备极其笨重，很难搬运。出于对女儿的爱，兰德一回到家便着手研制"马上就能看到照片的照相机"。

一个月过去了，兰德的研究工作没有取得进展，两个月过去了，兰德还是没有找到成功的突破口，兰德几乎失去了信心。但他曾答应过女儿完成这个发明，爱心作为一种非科技因素的动力推动他努力工作，兰德终于想出了办法。

半年之后，世界上第一架拍摄、冲洗一次完成的照相机——"拍立得"照相机试制成功了。

世界上第一个在一分钟之内就能看到自己形象的人当然是兰德的女儿。当她看到自己的形象时，高兴地跳了起来，兰德的脸上露出了欣慰的笑容。

兰德研制出"拍立得"照相机后，又和其他设计人员一起，研究起彩色小型号照相机来，10多年后，能拍彩色形象的"拍立得"问世了。

1948年11月，兰德在美国市场上投放了第一台拍立得相机"拍立得 95型"。

这种相机不把底片取出来也能产生相片，拍照之后便有若干种化学药剂释放出来，使底片显影，然后将未用的银盐带到第二

张纸上，产生相片。这样，拍照之后10秒钟内便可得到照片。

　　拍立得被警察广泛地用来拍摄作为证据的照片，这种系统的缺点是若不用特制胶卷，底片只能用一次，一张底片只能产生一张相片。

延　伸　阅　读

　　最早的照相机结构十分简单，仅包括暗箱、镜头和感光材料。现代照相机比较复杂，具有镜头、光圈、快门、测距、取景、测光、输片、计数、自拍等系统，是一种结合光学、精密机械、电子技术和化学等技术的复杂产品。

从玩具变来的羽毛球

翻开英汉词典，羽毛球的英文名称音译为"巴德米通"，怎么会叫这么个名字呢？原来，"巴德米通"是包菲特公爵领地的名称，以它来命名羽毛球与这项运动的来历有什么关系吗？

在19世纪中叶，英国伦敦西部有一个小城镇叫巴德米通，镇上有一位名叫包菲特的公爵，该镇为公爵个人所拥有。

一天，包菲特的侍从从印度带回了一种用羽毛和软木制作的小球，这是印度民间流行的一种名叫"浦那"的玩具。这种玩

具的玩法是在直径约0.06米的圆形软木或硬纸板中间挖一个孔，插上羽毛作球，然后两人相对而立，手执木板来回拍击。由于印度沦为了英国的殖民地，因而"浦那"也就被人带到了英国。

包菲特公爵对"浦那"很感兴趣，把它加以改制，他又模仿网球拍的式样，用牛筋编织成拍面当拍子，并将该游戏称为"羽毛球"。

1870年的一天，公爵在自己的庄园里举行游园会，正在兴头上，不巧天公不作美，下起了大雨。公爵怕客人们扫兴，便提议在中间细两头粗的葫芦形的室内玩这种"羽毛球"游戏。

客人们很快熟悉了游

戏规则，并对这种游戏产生了极大的兴趣。这便是现代羽毛球运动的前身。

因为这种游戏是在巴德米通诞生的，人们后来便把它叫做"巴德米通"。

此后，羽毛球游戏在英国成为了一种正式运动，爱好者越来越多。1893年，英国成立了羽毛球协会。1899年在伦敦举办了第一届"全英羽毛球锦标赛"，这项竞赛每年一次，一直延续到今天，现在已经发展成个人项目及团体项目的国际性比赛。

20世纪30年代，羽毛球运动在欧、美、亚、澳等洲很多国家中流行起来，特别是地处东南亚的印度尼西亚、泰国、巴基斯坦等国盛行。

1934年在伦敦成立了国际羽毛球协会，开始组织国际性比赛。1978年成立了世界羽毛

球联合会，总部设在泰国曼谷。

1981年5月26日，"国际羽毛球协会"与"世界羽毛球联合会"合并，统称"国际羽毛球联合会"。

1992年，羽毛球成为奥运会正式比赛项目。设立男、女单打和双打及混合双打5项比赛。每届羽毛球赛事的时间地点均有变化，像汤姆斯杯、尤伯杯以及世界羽毛球锦标赛。后来，混双也列为比赛项目。从此，羽毛球运动进入新的发展时期。

延 伸 阅 读

羽毛球运动无论是比赛还是健身活动，都要在场地上不停地进行脚步移动、跳跃、转体、挥拍，合理地运用各种击球技术将球往返对击，从而增大了上肢、下肢和腰部肌肉的力量，加快血液循环，增强心血管系统和呼吸系统的功能。

带橡皮的铅笔

　　我们都喜欢用带橡皮头的铅笔，因为它"一笔在手，两物齐备"，用起来十分方便。你在使用这种带橡皮的铅笔时，有没有想过它是怎么来的呢？

　　在铅笔上装橡皮擦，是美国发明家李浦曼100多年前的杰作。

　　李浦曼是美国佛罗里达州的一位画家，作为一个没什么名气的小画家，他的生活十分贫困，甚至连稍好点的画具都买不起。

　　有一天，李浦曼正在画一幅素描，他仅有的一枝铅笔已经削得很短很短了，可是他没钱买新笔，只能捏着这个铅笔头作画。画着画着，他发现画面的某处需要修改一下，于是他放下笔，开始在凌乱的工作室中寻找他仅有的一块橡皮。

　　就这样找了很久，他好不容易才找到了那块比黄豆粒大不了多少的小橡皮，可就当他把需要修改的地方擦干净之后，却发现那个小铅笔头又莫名其妙的不见了，李浦曼只好再去找铅笔。结果，找到这个，丢了那个，找来找去，耽误了不少时间。

　　这时画家终于生气了，他发誓一定要把这两样可恶的东西找出来，将它们绑在一起，让它们谁也跑不掉。于是，他在找到铅笔和橡皮后，又找来一根丝线，把小橡皮捆在了铅笔的顶端，这样，铅笔似乎长出了一些，用起来更方便了，画家受到了鼓舞。

可是，还没用几下，丝线就松动了，橡皮掉了下来。这时画家的牛脾气上来了，连画也不画了，凭着倔劲干了好几天，想了很多办法来固定橡皮，可橡皮就是不听指挥，不停地和他作对。

李浦曼执著地试呀试，最后，他想出了一个绝招：从罐头上剪下一小块薄铁皮，将橡皮和铅笔链接起来，把中间包裹起来，这一次他终于成功了，我们今天用的带橡皮的铅笔也就诞生了！

李浦曼带着自己的杰作从画室中走了出来，他带出来的不是画作而是他的发明，他为这项发明申请了专利，并很快得到了确认。

不久，著名的RABAR铅笔公司以55万美元的巨款买下了这项专利，李浦曼摆脱了窘境，并且成了名人，只是他不是作为画家，而是作为发明家被后世传颂。

延 伸 阅 读

2012年，我国的栾立宇发明了"带帽铅笔"，并获得了专利授权。带帽铅笔又名"鹅式铅笔"，此技术特征是：其笔帽采用尾端涡旋式开放设计，解决了铅笔的不便携带、不卫生、不安全等问题。

信用卡的作用

　　我国各银行发行的各种各样的信用卡，可自动在银行存取现金，直接向特约商店购物或得到各种服务。由于它用来代替流通货币，同电脑联网使用，人们称它为电子货币。

　　这些信用卡"身"上有一条长长的磁条，因此称作"磁卡"。磁卡相当于记账簿，可用来存贮个人身份的密码、存款记账等信息。

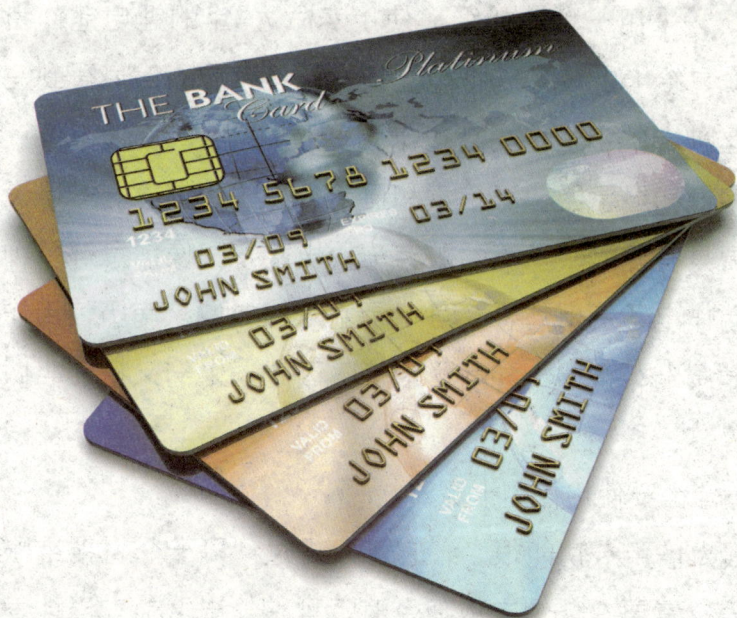

　　磁卡的存储容量较小，又经不起揩擦，科技人员又研制出一种新型信用卡——"电脑卡"。这种卡的内芯装有微电脑的超记忆集成电路，采用一种薄如纸，使用寿命达3年的锂电池作为电源。这就像是给卡上装了一把电子锁，能使存贮的信息得到完好的保护。这种卡的记忆能力比磁卡强30至100倍，它还有像计算器一样的字键和显示器，可检索和显示各种图文信息。一旦设计好程序，便具有计时、计算、贮存与输出文字图像信息等多种功能，除了用作电子货币外，还可记录主人的血型、病历，用作医疗卡以及健康卡、护照卡和教学卡等。因此，人们又把它叫做智能卡。

　　人们为什么要使用信用卡呢？

　　这是因为信用卡功能很多，它可以通过"刷卡"直接结账。旅游、出差，需要在外地支取现金时，可在外出之前在当地发卡银行存入一笔现金，再持卡到目的地联网的银行取出现金，非常方便，而且发卡银行还允许在规定限额内的短期赊欠。

人们有了信用卡，采购、结账十分方便，不用再为随身携带大量现金而提心吊胆，坐立不安了。

发行、推广信用卡减少了货币发行量和现金流通量，节省了设计、印制、运输、存储、清点现金消耗的人力、物力和财力，对国家也有利。

你知道信用卡是怎样来的吗？信用卡于1915年起源于美国。最早发行信用卡的机构是一些百货商店、饮食业、娱乐业和汽油公司。

美国的一些商店、饮食店为吸引顾客，推销商品，有选择地在一定范围内发给顾客一种类似金属徽章的信用筹码，后来演变

成塑料制成的卡片，作为客户购货消费的凭证，开展凭信用筹码赊销服务业务，顾客可以在这些发行筹码的商店及其分号赊购商品，约期付款。这就是信用卡的雏形。

延 伸 阅 读

信用卡一般是长85.60毫米，宽53.98毫米，厚1毫米的塑料卡片，由银行或信用卡公司依照用户的信用度与财力发给持卡人。它是一种非现金交易的付款方式，持卡人持信用卡消费时不用支付现金，待结账日时再还款。

缝纫机的发明

　　远在旧石器时代晚期，人类就已经懂得使用针和线缝制衣服了。此后人们一直用手工缝制衣服，直至18世纪末缝纫机才出现。

　　最早用机器代替手工缝纫的是英国人逊德，他在1790年制造了第一台供缝纫鞋用的单线链式线迹手摇缝纫机，这时世界上就

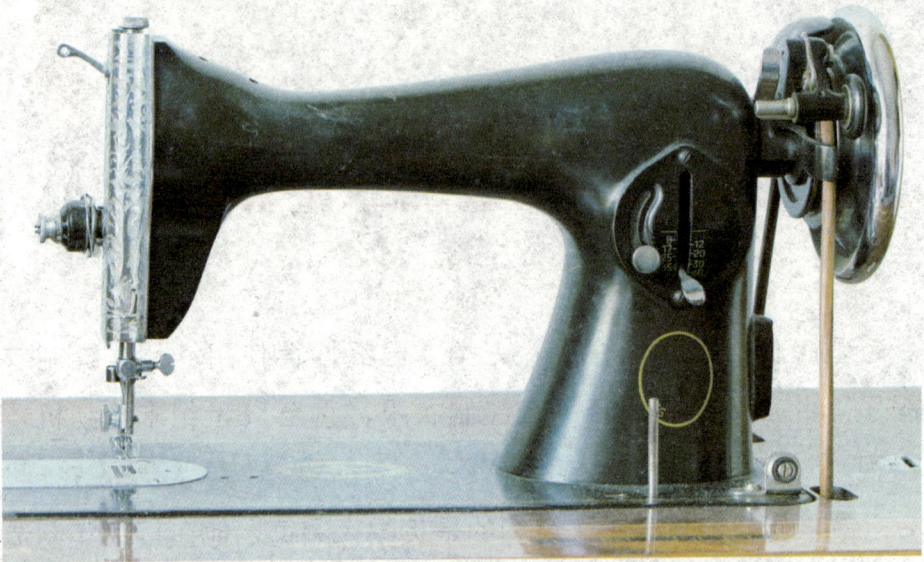

出现了"缝纫机"这个名称。

1810年，英国人拜尔斯阿柴·克里牧斯发明了双线链式线迹缝纫机。

1843年，美国人伊莱亚斯·谊设计制造了一台实用而生产效率高的手摇式锁式线迹缝纫机，缝纫速度为每分钟300针。该机的主要特点是采用弯形带孔的机针，底线被藏在梭子里。

1851年，美国机械工人胜家兄弟经过两年多的努力，制造了一台金属制的脚踏式缝纫机，并配用了木制机架，其缝纫速度达到每分钟600针，这在缝纫机的发明史上是一个重大突破，从而使缝纫机的生产效率大大提高。

这种缝纫机逐渐占领市场，兄弟两人非常会经营，他们抛出了按月分期付款的销售方法。

这种一次不必付出很多钱，靠按月分期支付就能把东西买到手的分期付款办法，深受当时顾客们的欢迎。

于是，"胜家牌"缝纫机大批量卖出，并被誉为世界缝纫机之王。

缝纫机的发明仍在继续，虽然家用缝纫机有了新的改进与发展，但更需要的却是用不同原理制造的高速工业用缝纫机。

从"缝纫机"这个名称的出现开始，至百年后的19世纪后半期，欧美国家的许多发明家如本杰明·威尔逊和基布斯等，通过对各种缝纫机进行研究分析，制出了现在仍在使用的家用缝纫机和工业缝纫机。

现在，家用缝纫机已用电力驱动了，并且成为市场上的主流。工业用缝纫机中的大部分都属于通用缝纫机，以平缝机使用最多。

延 伸 阅 读

缝纫机按照用途，分为家用缝纫机、工业用缝纫机和位于两者之间的服务性行业用缝纫机；按驱动方式分为手摇、脚踏及电动缝纫机；按缝制的线迹分为仿手缝线迹、锁式线迹、单线链式线迹、双线或多线链式线迹。

加热食物的微波炉

微波炉是一种新型家电产品。微波炉用途多样，使用方便，人们叫它"烹调之神"。现在，微波炉已经走进了千家万户。那么，微波炉是谁发明的呢？

　　微波炉的发明者是美国的斯宾塞。1939年，他进入专门制造电子管的雷声公司，并很快晋升为新型电子管生产技术负责人。当时，英国科学家们正在积极从事军用雷达微波能源的研究工作，并设计出了一种能够高效产生大功率微波能的磁控管。

　　当时英德处于决战阶段，因此这种新产品无法在国内生产，只好寻求与美国合作。英国和雷声公司经过共同研制，磁控管的发明获得了成功。

　　在一个偶然的机会，使斯宾塞萌生了发明微波炉的念头。次，他在测试磁控管时发现口袋中的巧克力棒融化了。还有一次，他将一个鸡蛋放在磁控管附近，结果鸡蛋受热突然爆炸，溅了他一身。这更坚定了他的微波能使物体发热的论点。雷声公司受斯宾塞实验的启发，决定与他一同研制能用微波热量烹饪的炉子。几个星期后，一台简易的炉子制成了。

　　1947年，雷声公司推出了第一台家用微波炉。可是这种微波炉成本太高，寿命太短，从而影响了微波炉的推广。

1965年，乔治·福斯特对微波炉进行大胆改造，与斯宾塞一起设计了一种耐用并价格低廉的微波炉。

1967年，微波炉新闻发布会兼展销会在芝加哥举行，获得了巨大成功。从此，微波炉逐渐走入了千家万户。

那么，微波炉又是怎样给食物加热的呢？

它是利用电磁波的微波给食物加热的。食物在炉腔内受到微波的作用，其中的水分就会因振荡而变热，食物便从里向外一起均匀地加热升温达到高热或熟食。

微波加热的工作步骤是：通电后微波炉上面的磁控管在变压器几千伏高压的刺激下，产生了微波。该微波经波导并通过微波搅拌器，均匀地辐射炉腔内的食物，食物在微波的透射作用下，

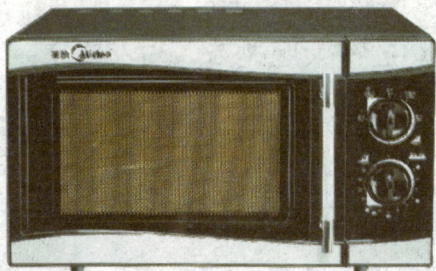

随着炉内转盘的旋转就被加热了。当要开炉门取出食物时，安全钮就会自动关闭微波。

变频微波炉与传统微波炉有着区别。变频微波炉利用自动调整、连续输出的微波能量，满足不同食物对不同火力的要求，实现从强火到弱火的自动调控。

延 伸 阅 读

微波炉不能用金属器皿盛食物进行加热，因为金属反射微波，微波炉里的食品不但吸收不到微波，无法加热，而且金属器皿会形成"高频短路"损坏磁控管。所以，用微波炉加热食品时只能用玻璃、陶瓷器具或者专用塑料盒等。

遥控器的工作原理

　　现在许多家用电器都有遥控装置，操作起来十分方便。遥控器究竟是如何工作的呢？

　　现在市场上应用最多的是一种红外线遥控器。红外线是一种波长极短的电磁波，它介于无线电波与可见光之间。红外线不能穿越墙体。用红外线作遥控开关时，不会对邻居家的电器造成干扰。而且红外线比起声波、超声波、次声波和无线电波来，受到的干扰也少，工作起来非常安全可靠。

　　一般的遥控装置是由红外线发射器和接收器两部分组成。发射器包括调制器和红外发射管，一般与微型按键开关一起装在一个小盒子里，这个小盒子通常叫做遥控器。

　　遥控器能够对10米以内的家用电器进行遥控。调制器能够把键控开关的低频信号调制到红外光载波上。

这样，从红外发射器发射出来的红外光波中，就包含了遥控信号。

红外接收器安装在电器正面的面板上，包括接收管、抗干扰电路、解调器、开关控制器等。

接收管实际上是一个三极管，通过光电效应，将照射到它上面的红外光波转变成电信号。

抗干扰电路能够鉴别和排除周围环境中的红外线干扰信号。解调器能够将被调制的红外光波中的低频控制信号解调出来，送到开关控制器，完成用户所要控制的功能。

到底是谁发明出第一个遥控器已不可考，但最早的遥控器之一，是一个叫尼古拉·特斯拉的发明家在1898年开发的。

最早用来控制电视的遥控器是美国一家叫Zenith的电器公司，在1950年开发出来的，一开始是有线的。

1956年，美国的罗伯·爱德勒开发出第一个现代无线遥控装置，利用超声波来调控频道和音量的，每个按键发出的频率不一样。但这种装置也可能会被一般的超声波所干扰，而且一些人和动物能听到遥控器发出的声音。

20世纪80年代，发送和接收红外线的半导体装置开发出来后，超声波控制装置就被慢慢取代了。即使其他的无线传输方式，如蓝牙技术被开发出来，但这种科技直至现在还广泛使用。

现在，市场上已经有

了许多比如汽车、电动装置等使用的遥控器，与红外遥控器比较，工业遥控器制作简单，遥控距离远，穿透能力强，安全可靠，受到广大电子爱好者的喜爱！

延 伸 阅 读

人的眼睛能看到的可见光按波长从长至短排列，依次为红、橙、黄、绿、青、蓝、紫。比紫光波长还短的光叫紫外线，比红光波长还长的光叫红外线。红外遥控器的特点是不影响周边环境，不干扰其他电器设备。

吸尘器的发明

英国的塞西尔·布鲁斯是吸尘器的发明者，要不是他用嘴吸了一大口灰尘，说不定我们今天还没有吸尘器呢！

他是在1901年时产生了发明吸尘器的想法。有一次，他正在伦敦的一家餐馆里用餐，看到后面的椅背上满是灰尘，就把嘴凑上去吹了一口，结果可想而知，灰尘差点没把他呛死！

布鲁斯由此受到启发，信心十足地每天在自己的工作室里研制吸尘器。不久，他的发明问世了，但和现在家庭使用的吸尘器不同，那是一架很大的机器，是一个庞然大物。

　　这个庞然大物有一个气泵、一个装灰尘的铁罐和过滤装置，都安装在一辆推车上，由两个人共同操作。他们推着它在街上行走，一个人负责用气泵抽气，另一个人则拿着长管子挨家挨户地去吸尘。

　　没过多久，布鲁斯的吸尘器就在伦敦赢得了广泛的赞誉。1902年，布鲁斯的服务公司奉召到西敏斯大教堂，把爱德华七世加冕典礼所用的地毯清理干净。此后，他的生意日益兴隆起来。

　　1906年，布鲁斯制成了家庭小型吸尘器，虽名为"小型"，但却重达近40千克，由于太笨重而无法普及。

　　1907年，美国俄亥俄州的发明家斯班格拉制成轻巧的吸尘器。他当时在一家商店里做管理员，为了减轻清扫地毯的负担，制成了一种吸尘器，是用电扇造成真空，将灰尘器吸入机器，然后吹入口袋。由于斯班格拉本人没有能力生产销售，1908年，他把专利转让给毛皮制造商胡佛。当年胡佛便开始制造一种带轮的"O"型真空吸尘器，销路相当好。这种最早的家用吸尘器设计比较合理，所以至今的吸尘器在原理上也没有太大的改动。

胡佛的小型吸尘器一经问世，就受到大众的热烈欢迎，他的吸尘器公司也蒸蒸日上，成为有名的大公司。

最早设计的吸尘器是直立式的。1913年，瑞典斯德哥尔摩的温勒·戈林发明了横罐形真空吸尘器。

吸尘器的清洁原理是借助吸气作用，从地板、地毯、墙壁、家具及其他不易用扫帚清除污垢的表面吸走灰尘和干的脏物，如线、纸屑、头发等。它的主要部件是真空泵、过滤袋、软管、延长管及各种形状不同的管嘴。现代吸尘器在附件上变化多样，为

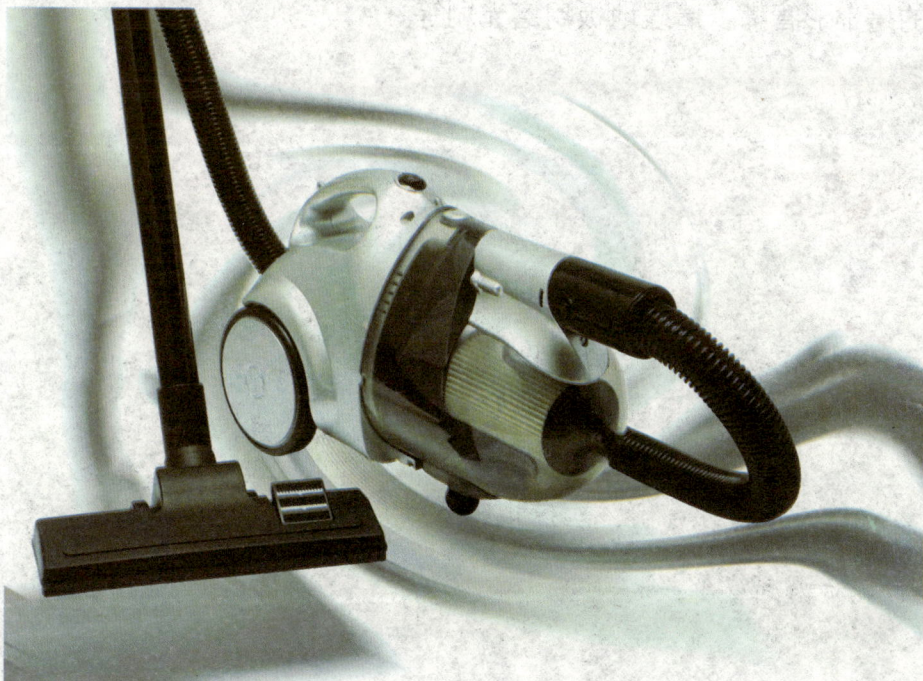

清除地毯污物设计出了粗毛刷、细毛刷、转动毛刷；清理墙角用的是扁形管嘴；清理地板用磨光刷等。

延 伸 阅 读

居家生活难免会不慎跌落诸如纽扣、药片、瓶盖、缝衣针等细小物品，借助吸尘器就能找到它们。使用前，先将吸尘器的吸管口用一层薄纱布包好，再根据物品大小选择风力，在落物处来回滑动，跌落的物品就会吸附到纱布上。

潜水衣的诞生历程

　　为了揭开海底深处的奥秘，人们常潜入海中探察，这就必须借助于潜水衣。古希腊和土耳其人被称为现代的"潜水之父"，是因为他们早在2000多年前就已经潜入爱琴海采摘海绵。

　　17世纪，欧洲人发明了另一种潜水设备，即吊钟式潜水器。人在"钟"内，直至空气用完才回到水面上。

　　由于"钟"内所装空气有限，这件装备只能使潜水员在水中停留数个小时，无法持久。

　　潜水钟的构造是一个大的、坚固的、没有底部的桶子，它的重量可以使它垂直地沉入水中，借着这种方式，使桶内充满空气，足够供应潜水员在水中呼吸数个小时。

　　潜水钟是由一艘船用索

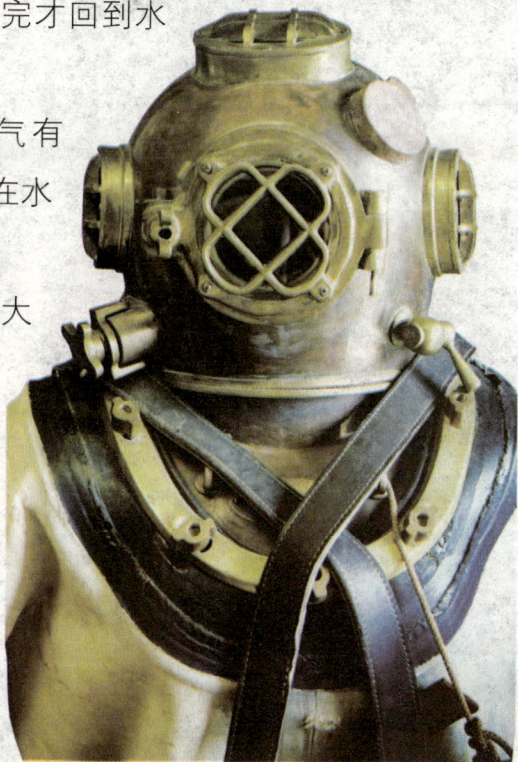

链吊着放入水中，潜水员待在潜水器内，随着潜水钟一起往下潜。

可查证的最早潜水钟是在1531年制造的调节装置。

1617年，凯斯勒曾设计出一种水中服装和空气皮袋，但没有实际使用。

1680年，美国马萨诸塞州的一位冒险家威廉·菲普斯改良了潜水器。他使用数个倒立的小桶和一个大桶去寻找宝藏，他带着小桶出去搜索，等小桶空气用尽时，再回到大桶里更换新鲜空气。

1715年，另一位英国人发明了一种可以将一个人包裹起来的潜水衣，潜水衣本身是用强化的皮革制造的空气桶，在眼睛的部位有玻璃窗，可看到外面，在手部的地方有两个防止渗水的袖口，可以将双手伸出袖口外完成一些工作。

1819年，英国人西贝发

明了一种比较成功的水面气泵式潜水服，这种潜水服与水面的空气唧筒相联结，并配以钢制的头盔，可以潜到水下75米的深处。

直至1879年，德国人耶鲁道发明了带有氧气罩的潜水衣。氧气由船上的管子送进来，这样人在海底下就可以比较自由地活动了。

1942年，法国人福斯特发明了随身携带的氧气筒，直至这时，能在海底自由活动的潜水衣才问世。

人鱼潜水衣是由美国发明家发明的一种液氧潜水装置，这种

潜水装置用"液态空气"呼吸，可令人类像鱼一样呼吸液体，潜入深海而不用担心可致命的减压症。

穿着人鱼潜水衣，甚至能下潜到更深层的海底进行探索。

延 伸 阅 读

最初的潜水人用苇管插在嘴里，让苇管露出水面帮助人呼吸。人们发现大象不怕水，即使它身体的其他部分被淹没了，只要长鼻子露出水面就能保证它的呼吸。人们受象鼻子启示发明了长软管，安在潜水衣上，让人能呼吸。

商品条形码的功能

　　超级市场里的许多商品外包装上，都印有一种宽度不同的黑色相间的平行条纹，这就是商品的身份证，即条形码。条形码是迄今为止最经济、最实用的一种自动识别技术。

　　条形码是将宽度不等的多个黑条和空白，按照一定的编码规则排列，用以表达一组信息的图形标识符。常见的条形码是由反射率相差很大的黑条和白条排成的平行线图案。

　　条形码可以标出物品的生产国、制造厂家、商品名称、生产日期、图书分类号、邮件起止地点、类别、日期等许多信息，因而在商品流通、图书管理、邮政管理、银行系统等许多领域都得到广泛的应用。

　　条形码技术是随着计算机与信息技术的发展和应用而诞生的，它是集编码、印刷、识别、数据采集和处理于一身的新型技术。

　　每一种商品在世界上只有唯一的一个商品条形码，识别它的身份时，只要用特殊的光电扫描器对条形码从左向右进行扫描，将粗、细、疏、密各不相同的条形码中获取的光信号转换成电信号，再通过电子译码器，就可以知道商品的名称，还可知道商品的价格和质地。

在超市里或者商场里，只要把商品条形码在激光扫描器上一扫，就能马上打印出收款账单，标清商品的品名及金额，便于顾客付款、收银员结账，并且将销售情况输入到电子计算机网络内，帮助管理人员及时掌握各种商品库存信息。

最早被打上条形码的产品是箭牌口香糖。条形码技术最早产生于20世纪20年代，诞生于威斯汀豪斯的实验室里。一位名叫约翰·科芒的美国发明家"异想天开"地想对邮政单据实现自动分拣。

他的想法是在信封上做条码标记，条码中的信息是收信人的地址，就像今天的邮政编码，为此，科芒德发明了最早的条码标志。

直至1949年的专利文献中才第一次有了由美国的诺姆·伍德兰和伯纳德·西尔沃发明的全方位条形码符号的记载，在这之前的专

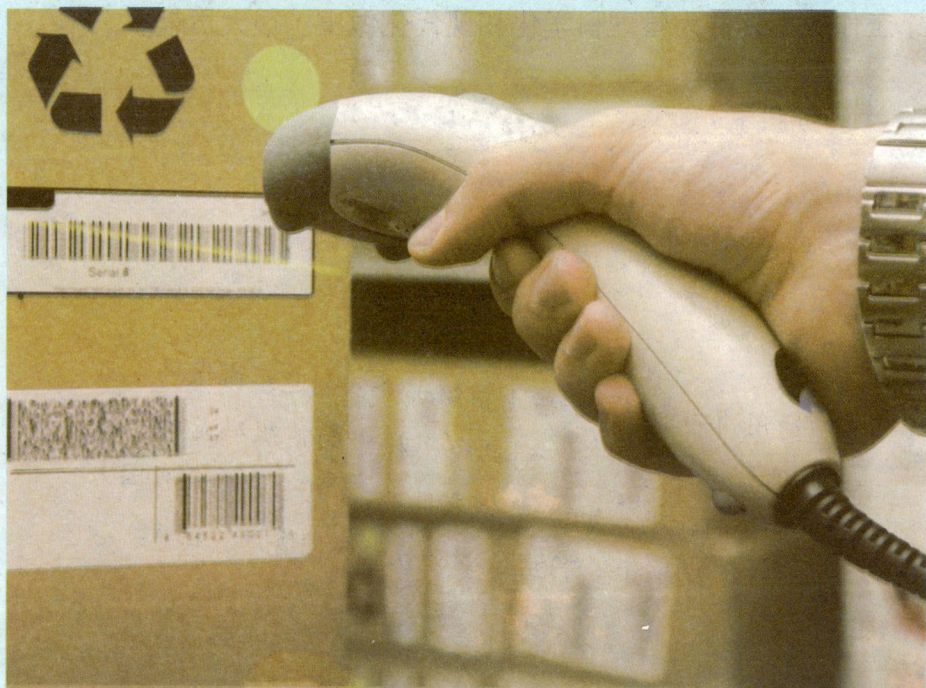

利文献中没有条形码技术的记录，也没有投入实际应用的先例。

二维条码的出现，提高了数据采集和信息处理的速度，提高了工作效率，并为管理科学化和现代化做出了很大贡献。

延 伸 阅 读

通用商品条形码一般由前缀部分、制造厂商代码、商品代码和校验码组成。商品条形码中的前缀码是标志国家或地区的代码，如45-49代表日本，690-695代表我国大陆，471代表我国台湾地区，489代表我国香港特区。

电话的一般常识

　　小朋友们在打电话给同学或老师时，有没有想过是谁在为我们传递声音呢？原来，是电在默默地做着贡献。

　　当我们对着电话机的发话器说话，说话的声音使发话器里面的薄铁片发生振动，电磁铁把这个振动变成电波。电波通过电话

线传到电话局的交换台，在那里被放大，然后又沿着电话线来到另一台电话机的受话器。受话器和发话器一样，里面也有一块电磁铁和薄铁片，不同的是电波在这里又变成了我们听到的声音。

在相距遥远的两个地方，隔山又隔水，没有办法架设电话线。这时打电话，电话局利用发射台把电波发射到空中，另一个地方接收到电波后，再把它送到电话机的受话器里。这样，无论在多么远的地方，哪怕是在宇宙里航行，也能够随时打电话。

历史上对电话的改进和发明包括：碳粉话筒、人工交换板、拨号盘、自动电话交换机、程控电话交换机、双音多频拨号、语音数字采样等。近年来的新技术包括模拟移动电话和数字移动电话等。

在许多公共场所或是电话局，我们有时会看到投币式电话。

这种电话,只要向它投进几枚硬币就可以使用了。如果你投的不是硬币,而是几枚铁片,或者投的硬币不够电话费用就不能使用。为什么投币式电话能识别硬币呢?

说起来,道理很简单。我国目前使用的硬币有1元、5角、1角、5分、2分、1分。这些硬币的直径、重量和厚度都是不一样的。首先投币式电话根据投进硬币的直径、重量等来区别硬币的面值,然后通过光电计数器,识别投进硬币的数量,当投进的硬币达到规定的金额时,电话就会自动响起拨号音,这时我们就可以使用了。

电话发明至今,从工作原理到外形设计都有不小的变化。现在有一种电话,能使通话双方在同一个电话电路上既通电话又传手写文字和描画图形,这种电话就是"书写电话"。

书写电话可以当时写,当时传。通话中有些难以用言语表达的地方就用写字、画图来补充。对所画的图形也

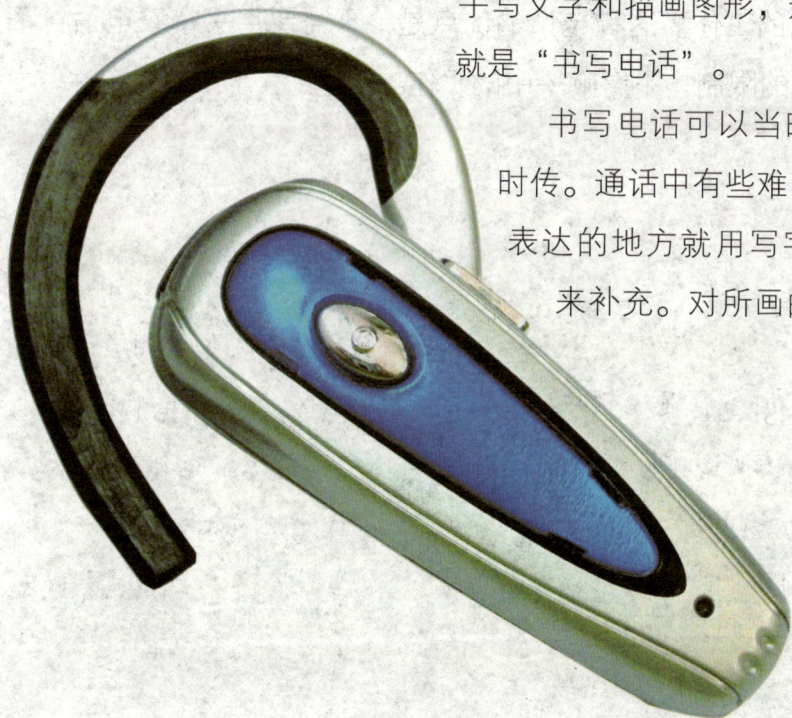

可以用语言加以说明。科学家还发明了一种不需要用电话线的电话，你可以把微型电话像耳机一样挂在耳朵上，你一边说话一边继续手上的工作。这种电话的优点是：不需要用手拿着电话；不受电话线的限制；不影响手中的工作。

延　伸　阅　读

　　USB电话是一种在外形上小巧美观，型似手机，易于携带的网络话机。它使用USB接口连接电脑，利用电脑接入Internet来传送语音。专业高性能，支持多软电话。独特的手机式外形设计，即插即用，连接PC电脑或笔记本，简单易用。

现代的通信方式

通信分为有线通信和无线通信。有线通信的收发两端一定要有传输信号的导线相连，它需要架设电杆、电线，需要维护和修理。

无线通信是靠电磁波的传播来传递信息的。无线通信信号由无线发射基地以电磁波的形式放出，它在空中传播的速度与光速相同，然后由无线电接收，并转换成声音、文字符号和图像。

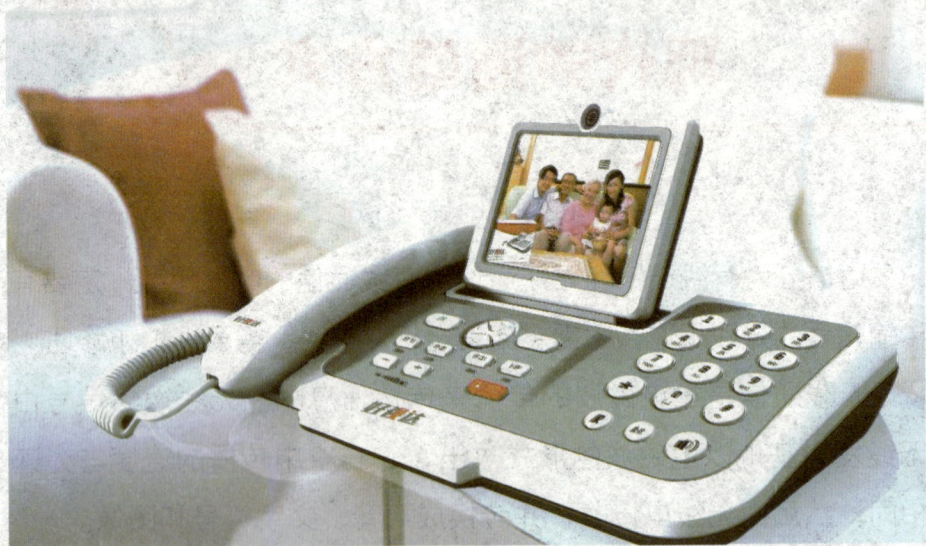

现代通信的主要方式有移动通信和电视电话。移动中的用户与固定的或移动中的另一方进行直接的通信，叫做移动通信。移动通信是无线通信和有线通信的综合利用，无线通信的种类主要有无线电对讲系统和移动电话系统。

电视电话是一种既能传递声音又能传递图像的现代通信工具。它是由美国贝尔研究所研制出来的。利用这种电话可以拉近相隔万里的人们的距离，给打电话者以"亲临现场"的感受。

在电话发明以前，人们靠写信互通情况。有了电话后，人们可以利用电话在相隔很远的地方交谈。有了通信卫星后，电话的功能就大大地增强了。人们把电话系统联成一个大网络，利用这个网络进行全国、全球的电话通话非常便捷和快速，这就是电信网络。

电信网络可以传播电话、电报和电视信号。电信网络由通信卫星、卫星通信站、电波中继站、光缆、电话交换机组成。电信网络的工作过程是：打电话的发、收信号通过卫星通信站和通信卫星传到电话交换机，然后传到用户。

现代通信，网络作为快捷的通讯方式，让越来越多的人所接受。像电子邮箱，只要轻点鼠标，几秒钟之内好友就会收到你发的邮件。

又如QQ，它已不仅仅是简单的即时通信软件，它与全国多家寻呼台、移动通信公司合作，实现传统的无线寻呼网、GSM移动电话的短消息互联，是国内最为流行，功能最强的即时通信软件。腾讯QQ支持在线聊天、即时传送视频、语音和文

件等多种功能。但是，这些聊天工具都是以虚拟数字传递为基础的，这就容易造成传递方式出现漏洞，即使常备份也抵不住数据外溢或者黑客攻击，又因传递速度快捷也容易使错误的不安分的信息快速传播。

延 伸 阅 读

移动电话实际是一台小型无线电收发机：使用时，拨动对方电话号码，这组号码就被转换成无线电波，发射到基地，基地再把收到的信息送到市内电话局的有线电话交换机，这样，双方就可以通过无线电波和有线线路通话了。

先进的光纤通信

　　光纤是光导纤维的简写，是一种利用光在玻璃或塑料制成的纤维中的全反射原理而达成的光传导工具。曾担任香港中文大学校长的高锟首先提出光纤可以用于通讯传输的设想，高锟也因此获得2009年诺贝尔物理学奖。

　　光纤通信技术是现代通信中最先进的传输手段。它利用光在一种极细的光导纤维中传输信息。光导纤维即为一种光的"导线"，它的结构分为两层，中间的一层为纤芯，直径只有几微米，外面有一层对光反射能力极强的、用玻璃或石英制成的"包层"，光纤的外层还裹

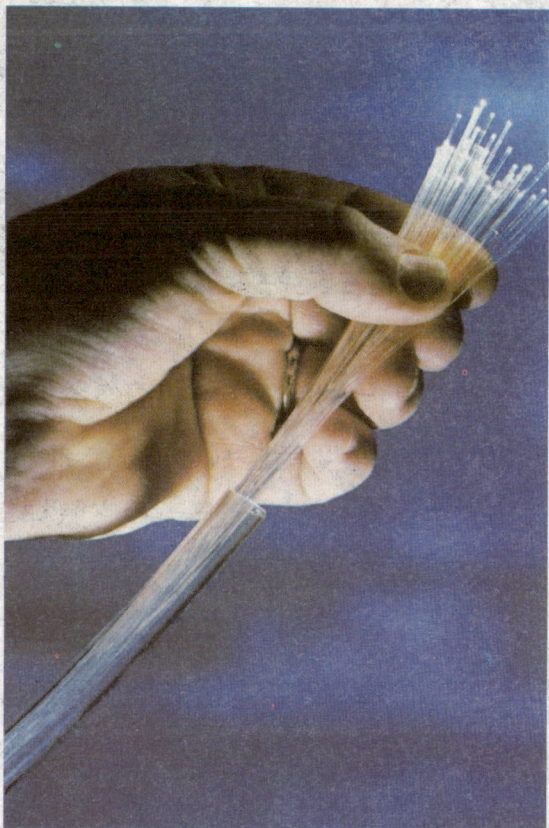

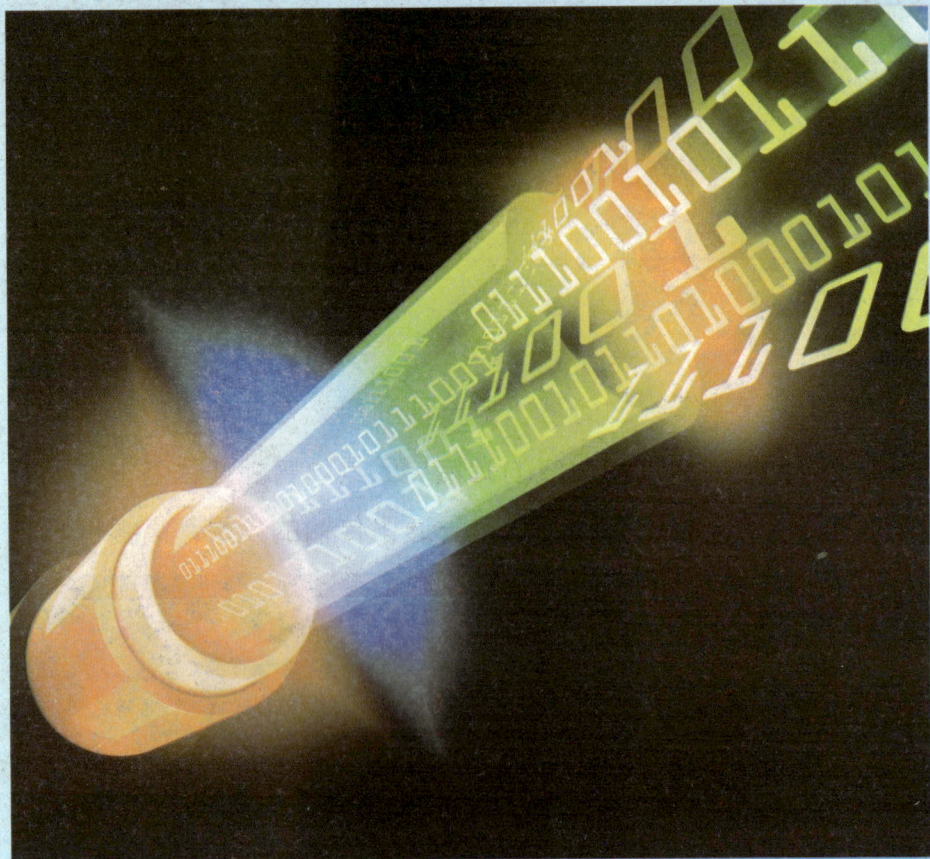

有厚厚一层塑料，这样光就被紧紧地封闭在光纤里。

当信息传送时，文字和图像会变成强弱不同的光信号，以每秒30亿次的速度传送到远方。一根光纤在几秒钟里就能传送几千万字的书籍信息。而且无论它怎样弯曲，只要入射光的角度合适，就能准确无误地传递信息。

光纤通信的容量大得惊人，在一根比头发丝还细的光纤中，可以同时传输几万路电话或者几千套电视节目。

光纤通信不怕辐射，不怕雷，不受电磁干扰，因而保密性好，通信质量高，抗干扰力强。

　　那么光导纤维是如何发明的呢？

　　1870年的一天，英国物理学家丁达尔正在讲光的全反射原理，他做了一个实验：在装满水的木桶上钻个孔，然后用灯把水照亮。人们看到，放光的水从水桶的小孔里流了出来，水流弯曲，光线也跟着弯曲，光居然被水俘获了。

　　人们曾经发现，光能沿着从酒桶中喷出的细酒流传输；人们还发现，光能顺着弯曲的玻璃棒前进。这是为什么呢？这些现象引起了丁达尔的注意，经过他的研究，他发现这是全反射的作用，即光从水中射向空气，当入射角大于某一角度时，折射光线消失，全部光线都反射回水中。从表面上看，光好像在水流中弯曲前进。实际上，在弯曲的水流里，光仍沿直线传播，只不过在内表面上发生全反射，光线经过多次全反射向前传播。

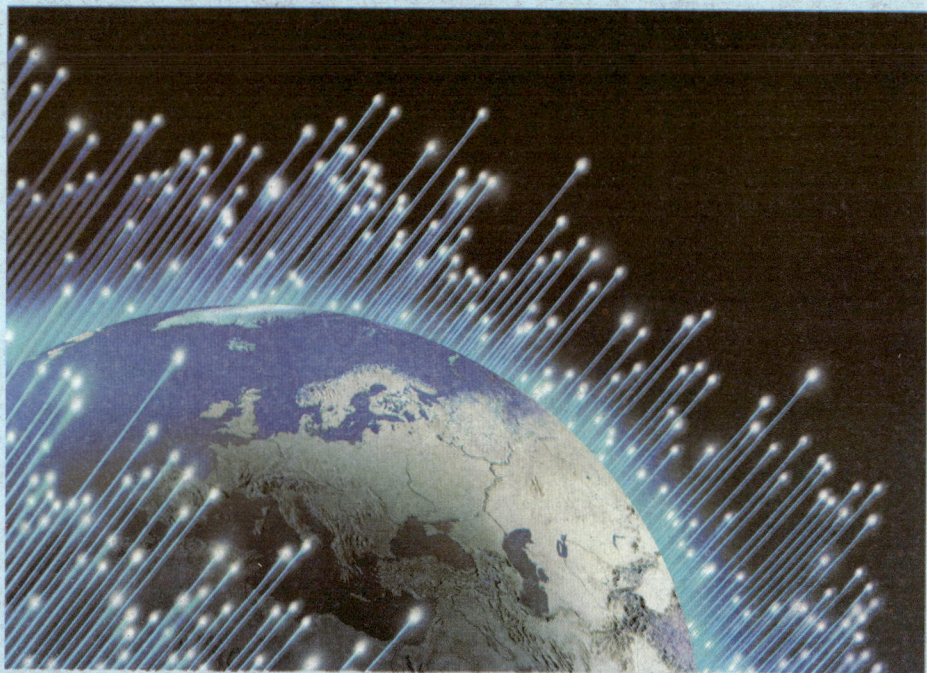

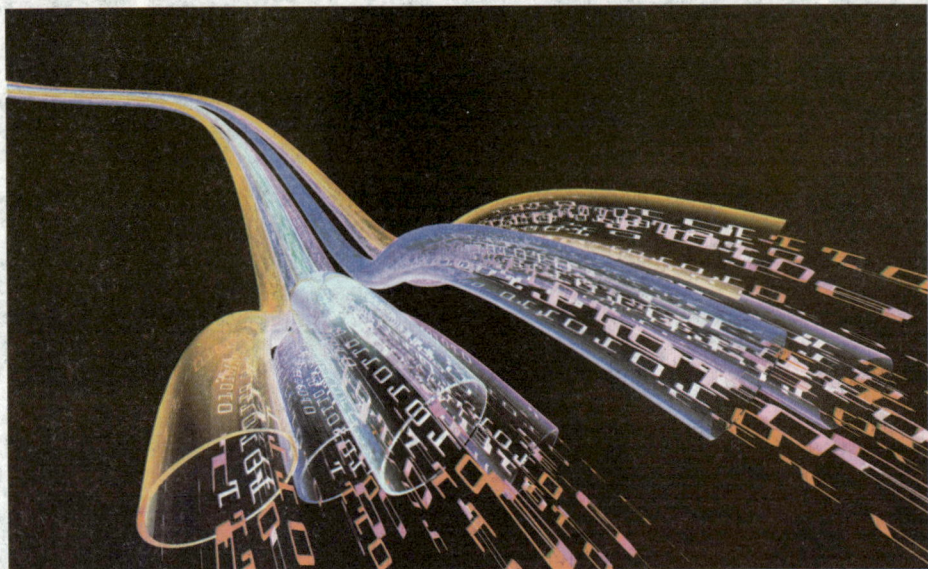

后来，人们造出一种透明度很高，粗细像蜘蛛丝一样的玻璃丝，即玻璃纤维，当光线以合适的角度射入玻璃纤维时，光就沿着弯弯曲曲的玻璃纤维前进。由于这种纤维能够用来传输光线，所以称它为"光导纤维"。

延 伸 阅 读

光导纤维可以用在通信技术里。多模光导纤维做成的光缆可用于通信，它的传导性能良好，传输信息容量大，一条通路可同时容纳数十人通话，可以同时传送数十套电视节目。

灯泡发亮的原理

　　1879年10月21日，美国伟大发明家爱迪生，发明了人类历史上第一盏具有实用价值的电灯。

　　电灯泡为人类带来了光明，那么，它是怎样发出光亮的呢？

原来灯泡的底部有两个金属接触点，是用来连接电源的。在金属接触点处有两条接触到一个薄金属丝的线。线和金属丝都包在充满惰性气体的玻璃灯泡的里面，通常都是氩惰性气体。当灯泡连上电源的时候，电流就会从其中一个接触点流到另一个接触点，然后再流到线和金属丝。

电线里的电流进入金属丝后，金属丝就会产生高热，同时释放出额外能量。由于金属丝释放大部分的红外线可见光子，人们的眼睛是可以看见的。如果它们被加热到4000度时，灯泡就会发出大量的可见光。这时，人们就能看到一个非常亮的灯泡了。

我们常用的灯还有日光灯，它的发光原理和白炽灯不同，日光灯是在灯管里面装入一些特殊的气体，又在灯管的内壁涂上荧光粉，通电之后由于放电而产生光。当消耗同样多的电能时，日光灯要比白炽灯亮得多，因此日光灯省电。

手电筒也有灯泡，生活中的电筒各种各样，有戴在头上的帽子电筒、日光灯电筒、收音机电筒、笔式手电筒、电筒式应急灯等。手电筒是由外壳透镜、反射镜、灯泡、电池、底座、开关几部分组成的。

它是怎样发出光的呢？原来，手电筒能发光，不只是因为它里面装有电池，还因为手电筒的外壳与灯泡和电池构成了一个完整的通路，让电流能够通过，灯泡才会发光。不信的话，你可以把手电筒的后盖拧下来，看看手电筒还亮不亮？

我们把两节电池正负极相接放进电筒，电池的正极顶在灯泡的底部，并通过灯座与电筒外壳相连，电池的负极与底盖的弹簧

相接，并通过弹簧也与外壳相连。手电筒筒身的外侧有一个开关，它通过一个金属片与灯座相连。向前推动开关，金属片与灯座接触，电路接通，灯泡就亮了。开关向后，金属片与灯座分离，线路断开，灯泡就不再发光。

延 伸 阅 读

　　电灯泡或称电球，其准确技术名称为白炽灯，是一种通过通电，利用电阻把钨丝加热，用来发光的灯。电灯泡外围由玻璃制造，把灯丝保持在真空或低压的惰性气体之下，作用是防止灯丝在高温之下氧化。

电池的不同连接方式

　　无论是大电池还是小电池，总有两个极，一个是正极，一个是负极。干电池可以为我们供电。那么，干电池的电是从哪来的呢？

　　干电池的外壳是用金属锌做成的，里面装着好几种化学物质。锌筒的中央立着一根黑色的碳棒，碳棒的顶端露出来，上面有一个黄颜色的铜帽。

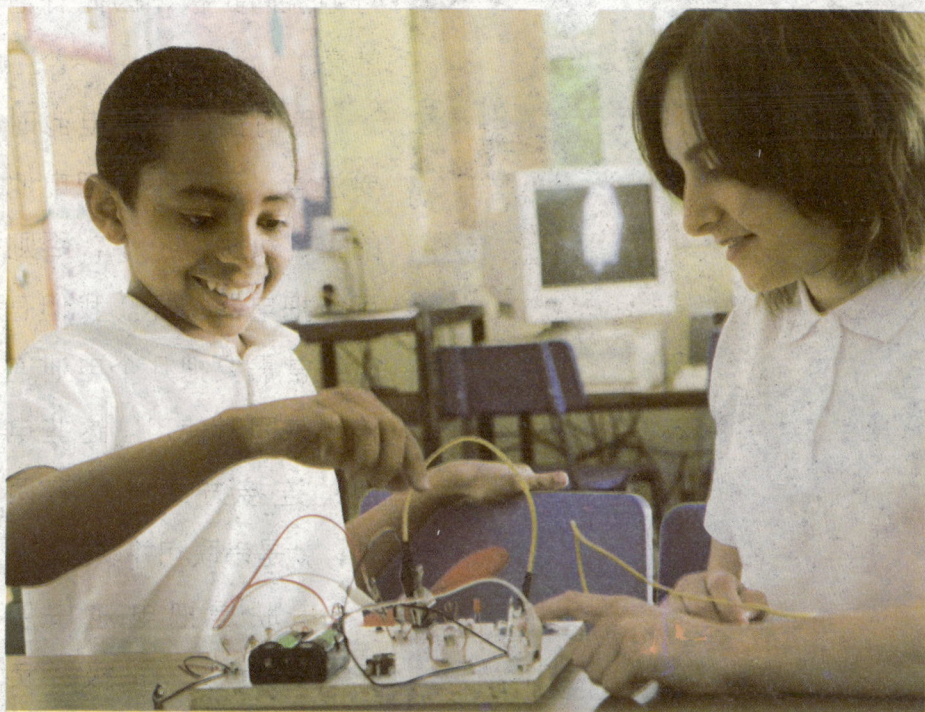

干电池里装的化学物质发生变化时，使碳棒上聚集了许多正电荷，使锌筒表面聚集许多负电荷。我们把带正电荷的碳棒叫做正极，把带负电荷的锌筒叫做负极，分别用"＋"和"－"来表示。

当用导线把小灯泡接在电池的两极上时，负极的电荷就会沿着导线经过灯泡流向正极，因此灯泡就亮了。

我们在使用干电池时要注意，千万不能把电池的正、负极接反了，否则可能把电器烧坏。我们有时经常需要把几个电池连接起来同时使用。这些电池的连接方式一共有两种，就是串联和并联。

串联是把电池按照正极、负极、正极、负

极……的方式依次连接起来，最后再分别把最前面一个电池的正极和最后面的一个电池的负极接到电路里。这种连接方式的优点是串联的电池越多，电压越高，电流越强。

如果在串联电池的两端接一个灯泡，那么电池越多，灯泡越亮。不过串联也有一个缺点，那就是如果有一个电池接触不好，整个电路都会受到影响，灯泡的亮度也会变弱。手电筒里的电池，一般都是串联的。

并联与串联的方式不同。并联是把几个电池的正极和负极分别连在一起，然后再接到电路里。电池的这种连接方式的特点是电压和电流都是一定的，不会随电池的多少而变化。并联的电池越多供电的时间就越长。

灯泡和电池一样，连接的方式也有串联和并联两种。要想知道两个灯泡是串联还是并联，可以把其中一个灯泡断开试试。如果另一个灯泡也随着熄灭，说明这两个灯泡是串联；如果另一个灯泡没受影响，仍然亮着，那么这两个灯泡就是并联。

家里各个房间的灯都是并联的，开关哪个房里的灯，都不会影响到别的灯。马路旁的路灯也都是并联的，其中一个灯坏了，其他的灯依然是亮的。夜晚它们会同时亮起来，白天又同时灭掉，这是因为它们共用了一个总的开关。

延 伸 阅 读

1800年，意大利物理学家伏特发明了伏特电池。这种电池是以不同的金属片之间所产生的电位差作为电流。伏特电池可以说是当代电池的起源，其后由大卫与法拉第等科学家共同努力，建立了电池学的基础。

不同形状避雷针的作用

　　城市的高层建筑物为了避免雷击，都要安装避雷针。避雷针的顶端有尖形的，也有的是圆截面的。

　　其中，尖顶的避雷针是由美国科学家本杰明·富兰克林发明的。他认为尖形避雷针由于尖细的形状，因而具有两个作用：一是能够迅速地反应和接受来自云层中的电流；二是能够迅速将电

流引导到避雷针主体上，并传递到地面上去。

美国新墨西哥州的物理学家查理·莫尔博士认为，顶端为圆截面的避雷针效率比尖状避雷针高两倍，它们引受电的能力也要比尖状避雷针强得多。相反，尖状避雷针在它们的顶端会产生强烈的电离"罩"，这种电离罩有将雷电向外反冲的趋向。

究竟是尖式的避雷针效果好还是圆式的避雷针效果好？或者是兼有这两者共同特点的避雷针效果好？对这个问题的研究和争论现在还在继续。

但可以肯定的是，这种研究具有实用价值，因为雷电确实给人类社会造成了许多麻烦。如果真的解决了这个问题，将会给人类生活带来无穷的益处。

不管是哪种避雷针，它们都能很好地保护建筑物不受雷击。那么，避雷针是用什么做成的呢？

原来，避雷针是用导电性能较好的金属做成的，它的尖端制成Y型，安装在建筑物的最高处。Y型下面连着一根钢导线，一直连到地下，导线的末端连接一块金属板，深深地埋入潮湿的地里。

当天空中的带电云块接近建筑物时，建筑物因带电云块的感应会带上与云块相反的电。但由于避雷针的Y型上端都是尖尖的，建筑物感应上的电会通过Y型的尖端被随时释放到空中，与云中带的电缓缓地中和，这种剧烈的放电为缓慢的多次放电。

同时，使所放电的大部分电流沿避雷针的导线传入地

下，而不至于破坏建筑物。

　　避雷针为什么要装在楼顶呢？那是因为带电的云是从上往下运行的，避雷针在高处，先接触到带电的云团，可以首先将云中的电释放掉，等到房子接触到云的时候，云团中就基本没有或只有少部分电了，从而也就没有危险发生了。

延 伸 阅 读

　　唐代《炙毂子》一书记载：汉朝时柏梁殿遭到火灾，一位巫师建议，将一块鱼尾形状的铜瓦放在层顶上，就可以防止雷电所引起的天火。屋顶上所设置的鱼尾形状的铜瓦，实际上兼作避雷之用，这可以认为是现代避雷针的雏形。

可以控制方向的降落伞

　　人从几千米的高空跳伞时，并没有一个固定的下落轨道。可是，不管是优秀的运动员，还是伞兵战士，他们都能够操纵降落伞，准确地降落到预定位置，他们是怎样控制降落方向的呢？

　　人们在制造降落伞时，就已经考虑到这个问题了。我们知道，当降落伞的伞衣张开后，伞内的空气密度会大于外面的空气

密度，设计师就是在这方面动了脑筋。

他们把每根伞绳都编上序号，并在第一根和最后一根伞绳的下端专门缝上一根短绳，短绳上再拴一根操纵杆。由于伞衣上有个专门的排气口，排气口的两侧各与第一根和最后一根伞绳相连。

当跳伞者需要向左转弯时，只需要拉一下左边的操纵杆，就可以带动伞绳向下运动，使排气口左边的伞衣向里凹进去，而排气口右边的伞衣就相对凸起，伞衣内的空气就会经排气口向左后方排出，同时产生一个相反的作用力，把伞衣向右前方推，于是降落伞便向左转动。同样的道理，拉下右操纵杆时降落伞就会向右转。

降落伞分为人用伞、阻力伞、物用伞三类。人用伞按用途分为救生伞、伞兵伞、教练伞、运动伞、备份伞。按携带方法分为胸式伞、背式伞、坐式伞、阻力伞。物用伞分为投物伞、航弹伞、回收伞。

降落伞的主要组成部分有伞衣、引导伞、伞绳、背带系统、开伞部件和伞包等。降落伞俗称"保险伞"，广泛用于航天航空领域，主要用途是：

应急救生，主要用于飞机失事时营救飞行员的性命。

稳定作用，保持飞机弹射椅的姿态稳定和空中加油机的加油器稳定。

减速作用，飞机着陆时的刹车减速以及各种航弹伞的滞空减速。降落伞能使飞机着陆滑行由2000多米缩短到800至900米。

回收作用，用于飞行器的空中回收，诸如无人驾驶飞机、试验导弹、运载火箭助推器、高速探测器以及返回式航天飞行器的

回收等。还有宇宙飞船和热气球探测器上设备的回收。

空降空投，伞兵空降以及各种物资和武器的空投。

航空运动，如空中跳伞、山坡滑翔、悬挂翼滑翔、动力飞行以及牵引升空等运动。

降落伞种类很多，用途不一，但都要求具有轻薄、柔软、强质比高、一定的伸长度、透气性、较高的抗撕裂强度、耐老化和防霉变等性能。

随着高科技的不断发展，降落伞作为一种空中稳定减速器，已发展成为独立的体系。

延 伸 阅 读

有资料表明，降落伞是由阿拉伯人发明的。在莱特兄弟发明飞机前1000多年，一名阿拉伯人就用木头和斗篷制作了飞行器，他的飞行器被认为是降落伞的第一个雏形。18世纪30年代，杂技场上的降落伞开始进入了航空领域。

指示方向的指南针

指南针是用以判别方位的一种简单仪器，又称指北针。指南针的前身是我国古代四大发明之一的司南，主要组成部分是一根装在轴上可以自由转动的磁针。

在地磁场作用下，磁针的北极指向地理的北极，利用这一性能可以辨别方向。因此，指南针常常用于航海、大地测量、旅行及军事等方面。

　　一个小小的指南针，无论我们把它放到什么地方，总是固执地一头指向南，一头指向北。难怪在茫茫的沙漠中，在无边的大海上，人们要依靠它来辨别方向呢！那么，指南针为什么能够指示方向呢？

　　那是因为，我们居住的地球是一个巨大的磁铁，它与普通的小磁铁没有什么区别，也有两极，N极在地球北极附近，S极在地球南极附近。

　　磁体还有一个共同的特点，那就是相同的两个极性互相排斥，不同的两个极性互相吸引。所以，地球上任何带有磁性的物体都会受地球这个大磁块的影响，把它们的S极指向地球N极，而N极则指向地球S极。因此，正是地球紧紧吸引着天然指南针，使它永远一头指向北方，一头指向南方。

那你知道指南针是怎样发明出来的吗？它的发明是我国劳动人民在长期实践中对物体磁性认识的结果。由于生产劳动，人们接触了磁铁矿，对磁有了初步了解。

人们首先发现了磁石吸引铁的性质，后来又发现了磁石的指向性。经过多方面的实验和研究，终于发明了实用的指南针。

最早的指南针是用天然磁体做成的，这说明我国劳动人民很早就发现了天然磁铁及其吸铁性。

据古书记载，远在春秋战国时期，由于正处在奴隶制社会向封建社会过度的大变革时期，生产力有了很大的发展，特别是农业生产更是兴盛发达，因而促进了采矿业、冶炼

业的发展。在长期的生产实践中，人们从铁矿石中认识了磁石。

　　指南针在古代也被用于航海，正是这一点对人类社会进步发挥了巨大作用，因而指南针才得以跻身于我国古代四大发明的行列。这一发明后来经阿拉伯传入欧洲，对欧洲航海业乃至整个人类社会的文明进程都产生了巨大影响。

延　伸　阅　读

　　司南是我国古代辨别方向用的一种仪器，是用天然磁铁矿石琢成一个构形的东西，放在一个光滑的盘上，盘上刻着方位，利用磁铁指南的作用来辨别方向，它是现在所用指南针的始祖。司南制造成功起码已经有5000多年的历史了。

制取沼气的方法

在千姿百态的生物世界中，存在一种人们肉眼看不见的微生物，能为人类提供能源。提起微生物，往往会使人们想起它会使食物腐烂变质，也会使人感染上各种疾病。因此，人们对它们又害怕又憎恶。但是，在微生物家族中，因为种类不同，它们的作用也不尽相同，有的会给人类带来灾难，有的微生物会给人类带

来幸福。微生物中能为人类提供能量的甲烷细菌和酵母菌，可以生产出沼气和酒精，为人类做出贡献。

　　沼气的主要成分就是甲烷。沼气，顾名思义就是沼泽里的气体。人们经常看到，在沼泽地、污水沟或者粪池里，经常有气泡冒出来，如果我们划着火柴，还可把它点燃，这就是自然界天然产生的沼气。

　　沼气是各种有机物质在隔绝空气，并在适宜的温度、湿度下，经过微生物的发酵作用产生的一种可燃烧气体。沼气是利用人畜粪便、动植物遗体以及农作物的秸秆、干草等的生物能转换而得到的可燃气体。因此，沼气能是绿色能源，是生物能的重要组成部分，而且已成为现代新能源的成员之一。由于沼气这种可燃气体最早是在沼泽、池塘中发现的，因而便由此得名。

　　我们通常所说的沼气，并不是天然产生的，而是人工制取的，所以它属于二次能源。

　　沼气是一种可以不断再生，就地生产就地使用，干净卫生和应用方便的新能源。目前，它既可以用来烧饭、照明，又可以代替汽油、柴油开动内燃机发电，以及用来驱动农机具和加工农副产品等。

　　沼气可用人工制取，制取的方法是：将有机物质，如人畜粪便、动植物遗体等投入到沼气发酵池中，经过多种微生物——通常称为沼气细菌的作用，即可得到沼气。

　　制取沼气的主要设备是沼气发酵池，也称沼气池。目前，常用的发酵池的类型较多，其中主要有水压式沼气池、浮动气罩式沼气池和塑料薄膜气袋式沼气池等。

　　沼气不仅是一种干净的能

源，而且在工业生产上可作为化工原料使用。它可用来制造氢气和炭黑，并能进一步制成乙炔、汽油、酒精、人造纤维和人造皮革等各种化工产品。

我国广大农村有着丰富的沼气资源。据计算，如果将全国的农作物秸秆和人畜粪便的50%利用起来，就可年产沼气650亿立方米。仅就它所产生的热能来说，就相当于节约一亿多吨的煤炭。

延 伸 阅 读

我国于20世纪20年代初期，由罗国瑞在广东省潮梅地区建成了第一个沼气池，随之成立了中华国瑞瓦斯总行，以推广沼气技术。目前，我国农村户用沼气池的数量达1300万座。